新一代信息技术系列教材

U0169733

基于新信息技术的 Java EE 应用开发实训教程

主　编　刘　群　马　庆　谢钟扬

副主编　胡同花　王建辉　熊登峰

　　　　谭　艳　黎　昂　贺家兴

主　审　符开耀　王　雷

西安电子科技大学出版社

内 容 简 介

本书主要介绍 J2EE 开发过程中的轻量级框架——Spring、Struts、MyBatis，并详细介绍了这三个框架开发过程中的重点和难点。全书共 13 章，分别为 Spring 框架简介与 IoC 容器、Spring AOP、Spring 注解、Spring 安全机制、Struts 2 基础、Struts 2 核心、Struts 2 标签库、Struts 2 其他功能、MyBatis 介绍、MyBatis Dao 开发、MyBatis 配置文件、MyBatis 关联查询、SSM 框架集成。

本书适用于有 Java 编程基础的学习者。

图书在版编目(CIP)数据

基于新信息技术的 Java EE 应用开发实训教程 / 刘群，马庆，谢钟扬主编. —西安：西安电子科技大学出版社，2020.1(2024.1 重印)
ISBN 978-7-5606-5509-30

Ⅰ. ①基… Ⅱ. ①刘… ②马… ③谢… Ⅲ. ① JAVA 语言—程序设计—高等职业教育—教材 Ⅳ. ① TP312.8

中国版本图书馆 CIP 数据核字(2019)第 252494 号

策 划 杨丕勇
责任编辑 杨丕勇
出版发行 西安电子科技大学出版社(西安市太白南路 2 号)
电 话 (029)88202421 88201467 邮 编 710071
网 址 www.xduph.com 电子邮箱 xdupfxb001@163.com
经 销 新华书店
印刷单位 陕西天意印务有限责任公司
版 次 2020 年 1 月第 1 版 2024 年 1 月第 5 次印刷
开 本 787 毫米×1092 毫米 1/16 印 张 16
字 数 377 千字
定 价 41.00 元
ISBN 978-7-5606-5509-3 / TP

XDUP 5811001-5
如有印装问题可调换

前　　言

随着移动互联网的兴起，以 Java 技术为后台的互联网技术占据了市场的主导地位，而在 Java 互联网后台开发中，SSM 框架（Spring+Struts+MyBatis）成为了主要架构。本书依此架构按照从入门到实际工作的要求讲述了 SSM 框架的技术应用。

本书的特点是突出基础理念并结合设计模式，阐述框架的实现原理和应用理念，以及在实际开发过程中常见的知识要点和相关案例，让读者不仅知其然，也知其所以然。

本书适用于有 Java 编程基础的学习者。书中主要内容如下：

第 1 章 Spring 框架简介与 IoC 容器：简要介绍了 Spring 的历史和 Spring IoC 容器的使用。

第 2 章 Spring AOP：介绍 Spring AOP 的概述和基础。

第 3 章 Spring 注解：介绍使用注解配置 IoC，使用 AspectJ 配置 AOP。

第 4 章 Spring 安全机制：介绍 Spring 安全机制和 Spring Security 的使用。

第 5 章 Struts 2 基础：介绍 Struts 2 的概念、Struts 2 体系结构和搭建 Struts 2 的开发环境。

第 6 章 Struts 2 核心：介绍 Struts 2 配置声明、Action 的实现、配置处理结果以及拦截器的使用。

第 7 章 Struts 2 标签库：介绍 Struts 2 的标签库、通用标签和界面标签的使用。

第 8 章 Struts 2 其他功能：包括 Struts 2 类型转化、Struts 2 输入校验、Struts 2 国际化和 Struts 2 的异常处理。

第 9 章 MyBatis 介绍：介绍 MyBatis 的架构和 MyBatis 入门程序。

第 10 章 MyBatis Dao 开发：介绍使用 MyBatis 开发 Dao 的两种方法，即原始 Dao 开发方法和 Mapper 接口开发方法。

第 11 章 MyBatis 配置文件：详细讲述了 SqlMapConfig.xml 配置文件和

Mapper.xml 映射文件。

第 12 章 MyBatis 关联查询：介绍一对一查询、一对多查询和多对多查询。

第 13 章 SSM 框架集成：介绍 Spring 集成 Struts 2.X、Spring 集成 MyBatis。

本书由湖南软件职业学院软件与信息工程学院刘群、马庆、谢钟扬担任主编，由胡同花、王建辉、熊登峰、谭艳、黎昂、贺家兴担任副主编。在编写过程中得到了湖南软件职业学院领导的关心和支持，在此表示衷心感谢！

感谢读者使用本书，限于作者水平以及计算机技术的快速更新，书中难免存在疏漏，恳请广大读者批评指正。若对本书有任何疑问，欢迎与我们联系沟通，E-Mail 地址为 35720263@qq.com，谢谢！

编　者
2019 年 9 月

目　录

第 1 章　Spring 框架简介与 IoC 容器

Spring 是目前 Java 领域最流行的轻量级框架之一，从 2003 年发布至今经历了多次重要版本更新。Spring 几乎可称为 Java 框架中的"事实标准"，它对企业应用软件开发的重要性是不言而喻的。

1.1　Spring 简介

Spring 是一个开源框架，它由 Rod Johnson 创建。Spring 诞生之初是为了解决企业应用软件开发日益复杂的难题。2002 年，Rod Jahnson 出版了一本很有影响力的书籍——*expert one-on-one J2EE Design and Development*，在这本书中 Rod 首次推出了 interface21 框架(Spring 框架雏形)，而他在另外一本名叫 *expert one-on-one J2EE Development without EJB* 的书中进一步地阐述了在不使用 EJB 开发 J2EE 企业级应用时的一些设计思想和做法。

Spring 创建的初衷如下：

(1) J2EE 应该更加简单。

(2) 使用接口而不是使用类，是更好的编程习惯。Spring 将使用接口的复杂度几乎降低到了零。

(3) 为 JavaBean 提供了一个更好的应用配置框架。

(4) 更多地强调面向对象的设计，而不是现行的技术(如 J2EE)。

(5) 尽量减少不必要的异常捕捉。

(6) 使应用程序更加容易测试。

Spring 框架目标：

(1) 可以令人方便愉快地使用 Spring。

(2) 应用程序代码并不依赖于 Spring API。

(3) Spring 不是和现有的解决方案竞争，而是致力于与现有解决方案融合在一起。

1.1.1　Spring 历史

Spring 自从 2003 年发布以来，一直是 Java 开源框架的奇迹之一。从 2000 年开始，伴随着 B/S 架构逐渐引入企业应用软件开发的领域，Java 逐渐成为企业应用软件开发的主流技术，一直到 2003 年，Struts+EJB 一直是 Java 技术架构的不二选择，然而随着 2003 年 Spring 以 without EJB 的面目出现之后，一切都开始改变。

在 2004 年 5 月份之后，Hibernate Team 和 Spring 公然决裂，此事在今天来看，原因是昭然若揭的，背靠 JBoss 的 Hibernate Team 已经成为 EJB3 规范的一部分，而 JBoss 希望以

EJB3 为核心的 Java 架构能成为未来企业应用软件开发的主流标准，但这种情况演变至今，却变成了 Spring Framework 和 JBoss Seam 的两种不同技术架构的竞争关系。

2004 年 5 月份，EJB3 规范的起步本来对 Spring 的未来有很大的威胁，但是 EJB3 规范历时两年在 2006 年 5 月才正式发布，彼时已经是 Spring 的"天下"了。

Spring 从 2004 年 3 月到现在，已经发布了 1.0、1.1、1.2、2.0、2.5、3.0、4.0 等几个主要版本，目前发布的版本增加了许多特性，比如 Spring 表达式语言、IoC 增强、声明模型验证、更多的注解支持和嵌入式数据库支持等。

1.1.2　Spring 项目简介

Spring 是一个开源的框架，它是为了降低企业应用软件开发的复杂度而创建的，实际上现在的 Spring 框架构成了一个体系平台，这些通过 Spring 的官方网站就可以了解；围绕着 Spring 框架本身，还有许多其他优秀的项目，每个项目的详细情况都可以在 http://www.spring.io/projects 中了解，此处只对 Spring 的常用项目进行简单介绍。

(1) Spring Framework(Core)：整个 Spring 项目的核心。Spring Framework (Core)中包含了一系列 IoC 容器的设计，提供了依赖反转模式的实现，同时还集成了 AOP 功能；另外，在 Spring Framework (Core)中还包含了其他 Spring 的基本模块，比如 MVC、JDBC、事务处理模块的实现等。Spring Framework 模块是本书的重点内容。

(2) Spring Web Flow：定义了一种特定的语言来描述工作流，且其高级的工作流控制器引擎可以管理会话状态，支持 AJAX 来构建丰富的客户端体验，还能对 JSF 提供支持。

(3) Spring Security：广泛使用的基于 Spring 的认证和安全工具。Spring Security 的前身是 Acegi Security 框架，它是能够为基于 Spring 的企业应用系统提供描述性安全访问控制解决方案的安全框架，它的目标是为 Spring 应用提供一个安全服务，比如用户认证、授权等。第 4 章介绍了该框架的使用。

(4) Spring Dynamic Modules：可以让 Spring 应用运行在 OSGi 平台上。OSGi 是面向 Java 的动态模型系统，它提供允许应用程序使用精练、可重用和可协作的组件构建的标准化原语。典型的 OSGi 应用案例是 Eclipse。Eclipse 运用 OSGi 技术可以方便地进行扩展。

(5) Spring Batch：提供构建批处理应用和自动化操作的框架。批处理应用的特点是不需要与用户交互，重复操作量大；对于大容量的批量数据处理而言，其操作往往要求具有较高的可靠性。

(6) Spring Android：为 Android 终端开发应用提供 Spring 支持，并提供了一个基于 Jave 的在 Android 应用环境中工作的 REST 客户端。

(7) Spring Mobile：是基于 Spring MVC 构建的，可为移动终端的服务器应用开发提供支持。比如，在服务器端使用 Spring Mobile 可以自动识别连接到服务器的移动终端的相关设备信息，从而为特定的移动终端实现应用定制。

(8) Spring Social：Spring 框架的扩展，可以帮助 Spring 应用更方便地使用 SNS(Social Network Service)，例如 FaceBook 和 Twitter 的使用等。

所有基于 Spring 的项目都是以 Spring Framework 为基础开发出来的。事实上，Spring Framework 也是 Spring 体系的核心。作为平台，Spring 将许多应用开发中遇到的共性问题进行了抽象；同时，作为一个轻量级的应用开发框架，Spring 和传统的 J2EE 开发相比，有其自身特点。通过这些自身特点，Spring 充分体现了它的设计理念：支持 POJO 和使用 JavaBean 的开发方式、面向接口开发、支持 OO(面向对象)的设计方法。

到目前为止，Spring Framework 一共包含大约 20 个模块，这些模块大多集中在 Core Container、Data Access/Integration、Web、AOP、Instrumentation 和 Test 部分。图 1-1 描述了 Spring Framework 模块的结构。

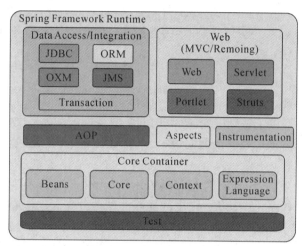

图 1-1　Spring Framework 模块结构

以下是部分 Spring Framework 模块的具体作用。

1. Core Container

Core Container 部分主要包含 Beans、Core、Context 和 Expression Language 等模块。

(1) Beans 和 Core 模块：框架的基础部分，提供依赖注入和 IoC(控制反转)特性。这里的基础概念是 BeanFactory。BeanFactory 提供了对 Factory 模式的经典实现以消除对程序性单例模式的需要，并真正允许从实际程序逻辑中分离出依赖关系和配置。

(2) Context 模块：构建于 Beans 和 Core 模块基础之上，提供了一种类似于 JNDI 注册器的框架式对象访问方法。Context 模块继承了 Beans 的特性，然后添加了对国际化(例如资源绑定)、事件传播、资源加载和对 Context 的透明创建的支持。同时，Context 模块也支持 J2EE 的一些特性，例如 EJB、JMX 和基础的远程处理。其中，ApplicationContext 接口是 Context 模块的关键。

(3) Expression Language 模块：提供了一个强大的表达式语言，可以在运行时查询和操纵对象。它是 JSP2.1 规范中定义的 unified expression language 的一个扩展。该模块支持设置/获取属性的值、属性的分配、方法的调用、访问数组上下文(accessing the context of arrays)、容器和索引器、逻辑和算术运算符、命名变量以及从 Spring 的 IoC 容器中根据名称检索对象，它也支持 list 投影、选择和一般的 list 聚合。

2. Data Access/Integration

Data Access/Integration 部分包含 JDBC、ORM、OXM、JMS 和 Transaction 等模块。

(1) JDBC 模块：提供了一个 JDBC 抽象层，可以消除冗长的 JDBC 编码和解析数据库厂商特有的错误代码。

(2) ORM 模块：为流行的对象/关系映射 API——JPA、JDO、Hibernate、iBatis 等提供了一个交互层。利用 ORM 封装包，可以混合使用所有 Spring 提供的特性进行对象/关系映射，如简单声明性事务管理。

(3) OXM 模块：提供了一个对 Object/XML 映射实现的抽象层。Object/XML 映射实现包括 JAXB、Castor、XMLBeans、JiBX 和 XStream。

(4) JMS(Java Messaging Service)模块：主要包含制造和消费消息的特性。

(5) Transaction 模块：支持编程和声明性的事务管理，这些事务类必须实现特定的接口，并且对所有的 POJO 都适用。

3. Web

Web 部分包含 Web、Servlet、Struts、Porlet 等模块。

(1) Web 模块：提供了基础的面向 Web 的集成特性，例如多文件上传、使用 Servlet Listeners 初始化 IoC 容器以及一个面向 Web 的应用上下文，它还包含 Spring 远程支持中的 Web 相关部分。

(2) Servlet 模块：包含 Spring 的 Model-View-Controller(MVC)实现。Spring 的 MVC 框架使得模型范围内的代码和 Web forms 之间能够清楚地分离开来，并与 Spring 框架的其他特性集成在一起。

(3) Struts 模块：提供了对 Struts 的支持，使得类在 Spring 应用中能够与一个典型的 Struts Web 层集成在一起。注意，不建议在 Spring 3.0 中使用。

(4) Portlet 模块：提供了用于 Portlet 环境和 Web-Servlet 模块的 MVC 实现。

4. AOP

AOP 即面向切面编程。在程序开发中 AOP 可以解决一些系统层面的问题。

5. Instrumentation 和 Test

Instrumentation 模块提供了 Class Instrumentation 支持和 ClassLoader 实现，可以在某些特定的应用服务器上使用。

Test 模块支持使用 JUnit 和 TestNG 对 Spring 组件进行测试。

1.1.3　Spring Framework 安装

本节使用的是 Spring Framework 3.1.3，读者可以从网站 https://spring.io 中获取最新版本。以 Spring Framework 3.1.3 为例，该文件压缩包中含有开发必需的 jar 包、源代码和帮助文档。

解压包图如图 1-2 所示，图中各文件夹说明如下：

dist：存放 Spring Framework 各功能模块的 jar 包。

docs：存放帮助文档和 Spring Framework 的 API 参考。

projects：按功能存放 Spring Framework 各模块的项目源代码，包含 Eclipse 项目文件和 Maven 项目构建配置文件。

src：打包按功能存放的 Spring Framework 各模块的项目源代码，只含有源码，不含项目配置文件。

图 1-2　Spring Framework 3.1.3 解压包图

在创建 Java 项目后，如果需要使用 Spring Framework，则要根据需要导入 dist 目录下面相关的 jar 包。dist 目录下包含很多 jar 包，各 jar 包对应不同模块，具体说明如下：

① org.springframework.aop-3.1.3.RELEASE.jar：Spring 的面向切面编程，提供 AOP(面向切面编程)实现。

② org.springframework.asm-3.1.3.RELEASE.jar：Spring 独立的 asm 程序。

③ org.springframework.aspects-3.1.3.RELEASE.jar：Spring 提供对 AspectJ 框架的整合。

④ org.springframework.beans-3.1.3.RELEASE.jar：Spring IoC(依赖注入)的基础实现。

⑤ org.springframework.context.support-3.1.3.RELEASE.jar：Spring-Context 的扩展支持，用于 MVC 方面。

⑥ org.springframework.context-3.1.3.RELEASE.jar：Spring 提供在基础 IoC 功能上的扩展服务，此外还提供许多企业级服务的支持，如邮件服务、任务调度、JNDI 定位、EJB 集成、远程访问、缓存以及各种视图层框架的封装等。

⑦ org.springframework.core-3.1.3.RELEASE.jar：Spring 3.1 的核心工具包。

⑧ org.springframework.expression-3.1.3.RELEASE.jar：Spring 表达式语言。

⑨ org.springframework.instrument.tomcat-3.1.3.RELEASE.jar：Spring 3.1 对 Tomcat 连接池的集成。

⑩ org.springframework.instrument-3.1.3.RELEASE.jar：Spring 3.1 对服务器的代理接口。

⑪ org.springframework.jdbc-3.1.3.RELEASE.jar：Spring 对 JDBC 的简单封装。

⑫ org.springframework.jms-3.1.3.RELEASE.jar：Spring 为简化 JMS API 的使用而进行的简单封装。

⑬ org.springframework.orm-3.1.3.RELEASE.jar：Spring 整合第三方的 ORM 映射支持，如 Hibernate、iBATIS、JDO 以及 Spring 的 JPA 的支持。

⑭ org.springframework.oxm-3.1.3.RELEASE.jar：Spring 对 Object/XML 映射的支持，可以在 Java 与 XML 之间来回切换。

⑮ org.springframework.test-3.1.3.RELEASE.jar：Spring 对 Junit 等测试框架的简单封装。

⑯ org.springframework.transaction-3.1.3.RELEASE.jar：为 JDBC、Hibernate、JDO、JPA 等提供一致的声明式和编程式事务管理。

⑰ org.springframework.web.portlet-3.1.3.RELEASE.jar：Spring MVC 的增强。

⑱ org.springframework.web.servlet-3.1.3.RELEASE.jar：对 J2EE 6.0 Servlet 3.0 的支持。

⑲ org.springframework.web.struts-3.1.3.RELEASE.jar：整合 Struts 的支持。

⑳ org.springframework.web-3.1.3.RELEASE.jar：Spring Web 下的工具包。

为了方便项目的管理，可以使用 Eclipse 自定义库，把 Spring Framework 的相关文件放到用户自定义库中，当创建项目时可直接使用该库。创建自定义库的方式如图 1-3 所示，在 Eclipse 菜单中选择 Window→Preferences→Java→Build Path→User Libraries，然后点击"New"新建用户自定义库，新建完毕后，选择"Add JARs"添加上述所有的 jar 包，再选择"OK"，即可完成用户自定义库的创建。

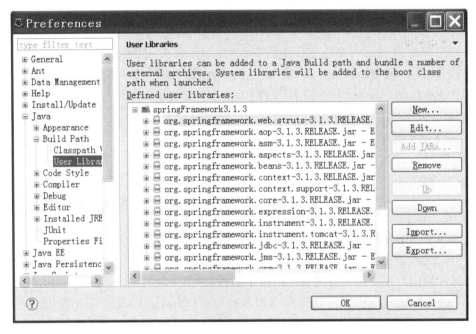

图 1-3　创建用户自定义库

完成用户自定义库的创建后，当创建 Java 项目时，可以在创建的配置向导中导入用户自定义库，如图 1-4 所示。

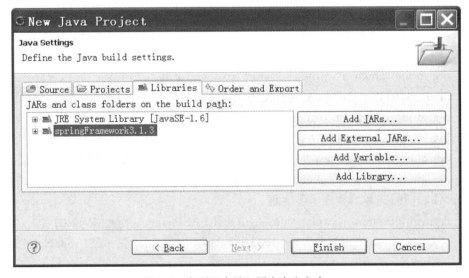

图 1-4　在项目中导入用户自定义库

配置好 Spring 开发环境后就可以使用 Spring 框架进行开发了。本章从 Spring Framework 的核心——IoC 容器开始介绍。

1.2　IoC 容器

1.2.1　IoC 容器和依赖倒置原则

IoC(Inverse of Control，控制反转)是 Spring 容器的核心，其他模块都是在此基础上发展起来的。依赖倒置原则(Dependency Inversion Principle，DIP)是面向对象设计领域的一种软件设计原则。依赖倒置原则基于这样一个事实：相对于细节的多变性，抽象的东西要稳定得多。即，以抽象为基础搭建起来的架构比以细节为基础搭建起来的架构要稳定得多。在 Java 中，抽象指的是接口或者抽象类，细节就是具体的实现类，使用接口或者抽象类的目的是制定好规范和契约，而不去涉及任何具体的操作，把展现细节的任务交给实现类去完成。

依赖倒置原则的核心思想是面向接口编程，使用接口是实现解耦合的最重要的途径，此处用一个例子来说明面向接口编程比面向实现编程好的原因。

假设现在有一台电脑需要安装打印机，但目前只有一种类型的打印机可选，即黑白打印机。首先，设计打印机类：

```java
public class GrayPrinter {
    //初始化方法
    public void init()
    {
        System.out.println("启动打印机!");
    }
    //打印
    public void print(String txt)
    {
        System.out.println("打印黑白文字:".concat(txt));
    }
}
```

此处，设计打印机类有两个方法，一个是 init 启动，另一个是 print 打印方法。

其次，设计电脑类：

```java
public class Computer {
    GrayPrinter p;
    public GrayPrinter getP()
    {
        return p;
    }
}
```

```java
public void setP(GrayPrinter p)
{
    this.p = p;
}
// 打印文本
public void printTxt(String txt)
{
    p.init();
    p.print(txt);
}
}
```

在电脑类中有一个打印机属性和一个打印方法。

最后，为测试类代码：

```java
public class TestComputer {
    /**
     * @param args
     */
    public static void main(String[] args) {
        // TODO Auto-generated method stub
        //创建电脑
        Computer pc1 = new Computer();
        //创建打印机
        GrayPrinter p = new GrayPrinter();
        pc1.setP(p);
        //打印文本
        pc1.getP().print("打印测试页...");
    }
}
```

运行测试代码，得到需要的打印结果。

过了几年，人们发现这个世界还是彩色的比较好看，于是发明了彩色打印机，此时打印机的选择就变多了，为了实现彩色打印不得不多写一个彩色打印机类，并修改电脑类。又过了几年，人们发现激光打印机更清晰，于是，又需要修改电脑类……总之，每次有新的打印机上市，就需要修改电脑类的代码。事实上这是一个典型的依赖具体实现的例子——电脑类对 GrayPrinter 产生了依赖，一旦有新型的打印机产生(即产生新的 ColorPrinter、LazerPrinter 等)，就需要修改电脑类代码。有简便的方法吗？根据依赖倒置原则描述的，调用者应该依赖被调用者的抽象，而不是依赖于它的具体实现，换句话说，电脑类应该只依赖于具有打印功能的机器，而不是依赖于能打印彩色或者单色的机器，即此时可以抽象出一个 Printer 接口，其他的具体实现类都靠这个接口实现，这样修改后，无论以后怎样扩展 Printer 类，都不需要再修改电脑类了。修改之后的代码如下。

Printer 接口：

```java
public interface Printer {
    //初始化方法
    void init();
    //打印
    void print(String txt);
}
```

GrayPrinter 黑白打印机：

```java
public class GrayPrinter implements Printer {
    //初始化方法
    @Override
    public void init()
    {
        System.out.println("启动打印机!");
    }
    //打印
    @Override
    public void print(String txt)
    {
        System.out.println("打印黑白文字:".concat(txt));
    }
}
```

ColorPrinter 彩色打印机：

```java
public class ColorPrinter implements Printer {
    //初始化方法
    @Override
    public void init()
    {
        System.out.println("启动彩色打印机!");
    }
    //打印
    @Override
    public void print(String txt)
    {
        System.out.println("打印彩色文字:".concat(txt));
    }
}
```

电脑类：

```java
public class Computer {
    Printer p;
    // 打印文本
    public void printTxt(String txt)
    {
        p.init();
        p.print(txt);
    }
    public Printer getP()
    {
        return p;
    }
    public void setP(Printer p)
    {
        this.p = p;
    }
}
```

此时电脑类依赖的是 Printer 这个抽象接口，而不是依赖于 Printer 的具体实现。但在测试类中又存在相似的问题，比如现在需要彩色打印机，具体代码如下：

```java
public class TestComputer {
    /**
     * @param args
     */
    public static void main(String[] args) {
        // TODO Auto-generated method stub
        //创建电脑
        Computer pc1 = new Computer();
        //创建打印机
        Printer p = new ColorPrinter();
        pc1.setP(p);
        //打印文本
        pc1.getP().print("打印测试页...");
    }
}
```

在上述 TestComputer 测试类中，使用了 new ColorPrinter 方式创建 Printer 实例，假设把所有彩色打印机换成黑白的，则要修改 TestComputer 测试类中的代码。为了减少修改代码的次数，可以写一个配置文件，配置具体需要实例化的类，然后在 TestComputer 测试类中读取配置文件，再根据配置产生不同的实例。此时 TestComputer 测试类的改变如下：

```java
public class TestComputer {
    private static Properties p = new Properties();
    //读取 Bean 配置文件
    static{
        try
        {
            p.load(TestComputer.class.getResourceAsStream("/bean.properties"));
        }
        catch (IOException e)
        {
            System.out.println("无法找到配置文件!");
        }
    }
    //根据属性文件中定义的关键字创建实例
    public static Object getBean(String keyName)
    {
        Object o = null;
        try
        {
            o = Class.forName(p.get(keyName).toString()).newInstance();
        } catch (Exception e)
        {
            System.out.println("无法实例化对象!");
        }
        return o;
    }
    /**
     * @param args
     */
    public static void main(String[] args) {
        // TODO Auto-generated method stub
        //创建电脑
            Computer pc1 = new Computer();
        //创建打印机
        Printer p = (Printer)TestComputer.getBean("printer");
        pc1.setP(p);
```

```
        //打印文本
        pc1.getP().print("打印测试页...");
    }
}
```

可以看到，上述 TestComputer 测试类代码在静态块中读取了 bean.properties 配置文件，同时提供了一个 getBean 方法，该方法可以根据 bean.properties 的配置来实例化一个类，在给电脑装配打印机的时候，不再采用 new 的方式直接实例化对象，而是通过调用 getBean 的方式获取一个根据业务需要产生的具体实例。bean.properties 的代码如下：

```
        printer=com.ssoft.ssh.demo2.ColorPrinter
        ##com.ssoft.ssh.demo2.GrayPrinter
```

这里 bean.properties 定义了一个名叫 printer 的主键，值是 ColorPrinter 类的全名，当然，也可以根据具体的需要切换成 GrayPrinter 类。如此配置之后即可根据具体的业务需要产生不同的、和业务相关的 Printer 实例给 TestComputer 测试类使用，即便以后有了新类型的 Printer，也不需要修改 TestComputer 测试类，只需要添加一个 Printer 的实现类，这样，可以让应用程序具有很好的扩展能力。需要注意的是，运用很多设计模式或者类设计原则的时候并不会减少代码量，相反会增加一定量的代码，但这样做的好处是增强程序的扩展能力，提高程序的维护性。

在理解了上述例子之后，此时再讲 Spring 的 IoC 容器就比较容易理解了。容器是用来装东西的，Spring 的 IoC 容器就是用来装 Bean 实例的，然后把这些实例通过配置的方式注入调用者中，而不是直接在代码中硬编码实例对象，所以，IoC 也叫作 DI 依赖注入 (Dependency Injection)。

1.2.2　依赖注入类型

依赖注入通常分为三类，分别是接口注入(Type1 型)、构造器注入(Type2 型)和 setter 注入(Type3 型)，其中 Type2 型和 Type3 型是比较常用的类型，尤其 Type3 型是使用最多的注入方式。

所谓 setter 注入，就是指调用者类提供一个 setter 方法，把被调用者作为参数传递给调用者，比如前面的电脑类代码中有一个 Printer 属性，我们通过 setPrinter 的方法把 Printer 对象的实例传递给它，这就是典型的 setter 注入方式。

构造器注入方式，表示的是调用者在实例化的时候必须注入被调用者的实例。若把上例改成构造器注入，则电脑类代码就必须改成如下方式：

```
    public class Computer {
        Printer p;
        public Computer(Printer p)
        {
            this.p = p;
        }
    }
```

在创建电脑类实例的时候，必须把 Printer 的实例注入给 Computer 实例：

```
Computer c = new Computer(new ColorPrinter());
```

若把上例改成接口注入的方式，则电脑类必须实现一个接口，其代码如下：

```
public interface Computeable {
    //定义接口注入
    void inject(Printer p);
}


public class Computer implements Computeable {
    Printer p;
    public void inject(Printer p)
    {
        this.p = p;
    }
}
```

其中，调用代码如下：

```
Computeable pc = new Computer();
pc.inject(new ColorPrinter);
```

这种接口注入的方式需要调用者必须实现一个指定的接口，典型的应用有 EJB(这种方式使用比较少，一般不推荐)。

Spring IoC 容器提供了 Type2 和 Type3 型的注入方式。

1.3　Spring IoC 容器

在 Spring IoC 容器中，有两个主要的容器系列，一个是实现 BeanFactory 接口的简单容器系列，该系列容器只实现了容器的最基本功能；另一个是 ApplicationContext 应用上下文，它作为容器的高级形态而存在。应用上下文在简单容器的基础上，增加了许多面向框架的特性，同时对应用环境作了许多适配。有了这两种基本的容器系列，基本上可以满足用户对 IoC 容器使用的大部分需求了。

1.3.1　BeanFactory 容器

BeanFactory 采用工厂模式，提供了最基本的 IoC 容器功能：实例化对象、配置对象之间的依赖关系。在 Spring 中，所有的对象都是由 BeanFactory 工厂来生产管理的。

BeanFactory 只是一个接口类，它定义了 IoC 容器的一个标准，却没有给出容器的具体实现，因此还需要依靠具体的实现类，比如 DefaultListableBeanFactory、XmlBeanFactory、ApplicationContext 等都可以看成是容器附加了某种功能的具体实现(也就是容器体系中的具体容器产品)。通俗地讲，BeanFactory 如同生活中定义的容器，而瓶子、罐子、盒子等都是容器的具体化。

由于 BeanFactory 只定义了最基本的 IoC 容器规范,所以,BeanFactory 主要用在内存、CPU 资源受限场合,比如 Applet、手持设备等,也就是小型应用场景,企业级别的应用通常需要使用 BeanFactory 的子接口,比如最常用的 ApplicationContext 接口。

1.3.2　ApplicationContext 容器

BeanFactory 提供了最基本的功能,而 ApplicationContext 则提供了更多的面向企业级应用的功能,ApplicationContext 是 BeanFactory 的子接口,所以,ApplicationContext 拥有 BeanFactory 提供的所有功能。

ApplicationContext 提供了以下面向企业级应用的功能:

(1) 提供了文本信息解析工具,包括对国际化的支持。

(2) 提供了载入文件资源的通用方法,如载入图片。

(3) 可以向注册为监听器的 Bean 发送事件。

由于它提供的附加功能,基本上中大型的应用系统都会选择 ApplicationContext 而不是 BeanFactory。只有在资源很少的情况下,才会考虑采用 BeanFactory,如在移动设备上。在 ApplicationContext 的诸多实现中,有三个实现会经常用到:

① ClassPathXmlApplicationContext——类路径中的 XML 文件载入上下文定义信息,把上下文定义文件当成类路径资源。

② FileSystemXmlApplicationContext——从文件系统中的 XML 文件载入上下文定义信息。

③ XmlWebApplicationContext——从 Web 系统中的 XML 文件载入上下文定义信息。

BeanFactory 与另一个重要区别是关于 Bean 的载入时机。BeanFactory 延迟载入所有的 Bean,直到 getBean()方法被调用时 Bean 才被创建,这种方式的好处是即用即实例化,节约了内存资源,所以常用于移动设备。ApplicationContext 则不同,它会在上下文启动后实例化所有的 Bean,并通过预载入单实例 Bean,确保需要的时候已经准备充分。

1.3.3　使用 Spring IoC 容器

使用 Spring 的 IoC 容器来管理 Bean 通常需要以下几步:

① 创建 Bean 的实现类。

② 使用 XML 文件配置元数据,把 Bean 配置到 XML 文件中,让 Spring 进行管理。

③ 实例化容器,获得 BeanFactory 的实例。

④ 通过 BeanFactory 获取 Spring IoC 容器管理的实例。

Spring 提供了强大的 IoC 容器来管理组成应用程序的 Bean。要利用容器提供的服务,就必须创建需要的 Bean 类,并且配置 Bean,让这些 Bean 能够被 Spring IoC 容器管理。

在 Spring IoC 容器里可以通过 XML 文件、属性文件甚至 API 来配置 Bean。因为基于 XML 的配置既简单又成熟,所以本书只基于 XML 进行配置。如果对其他配置方法感兴趣,可以自行查阅 Spring 的相关文档,那里有更多关于 Bean 配置的信息。

Spring 允许使用一个或多个 Bean 配置文件来配置 Bean。对于简单的应用程序而言,可以将所有 Bean 集中配置于一个文件中。但是，对于大型的、拥有很多 Bean 的应用程序而言，则应该根据 Bean 的不同功能将它们分别配置到多个文件里。

接下来采用 Spring IoC 容器管理的方式来完成前面介绍的打印机例子。

1. 创建 Bean 类

创建所需要的 Bean 类，创建一个抽象类 Printer。和前例的不同在于增加了属性，其中 type 表示打印机类型，manu 表示生产厂商，代码如下：

```
public abstract class Printer{
    // 类型
    String type;
    // 厂商
    String manu;

    // 初始化方法
    public abstract void init();

    //打印
    public abstract void print(String txt);

    public String getType()
    {
        return type;
    }

    public void setType(String type)
    {
        this.type = type;
    }

    public String getManu()
    {
        return manu;
    }

    public void setManu(String manu)
    {
        this.manu = manu;
    }
}
```

再创建电脑类和 Printer 的子类，这两个类和前面例子中所创建的一样。

2. 使用 XML 文件配置 Bean

使用 XML 文件配置元数据，让 Spring 能够管理 Bean 的实例和依赖关系。

要通过 XML 在 Spring IoC 容器里声明 Bean，首先需要创建 XML Bean 配置文件。我们计划在项目的源代码 src 目录中创建一个名叫 beans.xml 的配置文件，然后写出一个基于 XML 配置的基本结构。

```xml
<?xml version="1.0" encoding="UTF-8"?>
<beans xmlns="http://www.springframework.org/schema/beans"
       xmlns:xsi="http://www.w3.org/2001/XMLSchema-instance"
       xsi:schemaLocation="http://www.springframework.org/schema/beans
         http://www.springframework.org/schema/beans/spring-beans-3.0.xsd">
<!--配置 Bean-->
</beans>
```

在使用基于 XML 的方式配置元数据的时候，XML 有一个根元素就是 beans，我们需要在<beans>元素中添加一个或者多个<bean>元素。<bean>元素的配置根据需要和应用程序中实际使用的对象一一对应。

如果要在应用程序中使用 ColorPrinter 的实例，那么可以采用如下配置：

```xml
<!-- 配置彩色打印机 -->
<bean id="corPrinter" class="com.ssoft.ssh.demo3.ColorPrinter" />
```

同理，如果需要配置 Computer 的实例，则配置如下：

```xml
<!-- 配置计算机-->
<bean id="pc" class="com.ssoft.ssh.demo3.Computer" />
```

事实上，Bean 配置还有很多其他属性，表 1-1 列出了<bean>的常见属性。

表 1-1　Bean 配置属性

属性名	可能值	默认值	作　　用
id			Bean 的唯一标识名。它必须是合法的 XML ID，在整个 XML 文档中唯一
name			用来为 id 创建一个或多个别名，它可以是任意的字母符号，也可以指定多个别名，多个别名之间用逗号或空格分开
class			用来定义类的全限定名
parent			Bean 可以定义其自身引用的父类 Bean 的配置，指定了 parent 后 Bean 会继承 parent 的所有配置，子类 Bean 也可以覆盖父类 Bean 的配置，采用这种方式可以达到配置重用的目的

续表

属性名	可能值	默认值	作　用
abstract	true false	false	用来定义 Bean 是否为抽象 Bean。它表示这个 Bean 不会被实例化，一般用于父类 Bean，因为父类 Bean 主要是供子类 Bean 继承使用
singleton	true false	true	定义 Bean 是否是 Singleton(单例)。如果设为"true"，则在 BeanFactory 作用范围内，只维护此 Bean 的一个实例。如果设为"false"，Bean 将是 Prototype(原型)状态，BeanFactory 将为每次 Bean 请求创建一个新的 Bean 实例
lazy-init	true false default	default	用来定义这个 Bean 是否实现懒初始化。如果为"true"，它将在 BeanFactory 启动时初始化所有的 Singleton Bean。反之，如果为"false"，它只在 Bean 请求时才开始创建 Singleton Bean
autowire	no byName byType constructor autodetect	no	no：不使用自动装配功能 byName：通过 Bean 的属性名实现自动装配 byType：通过 Bean 的类型实现自动装配 constructor：类似于 byType，但是 constructor 用于构造函数参数的自动组装 autodetect：通过 Bean 类的反省机制(introspection)决定是使用"constructor"还是使用"byType"
depends-on			Bean 在初始化时依赖的对象，这个对象会在这个 Bean 初始化之前创建
init-method			用来定义 Bean 的初始化方法，它会在 Bean 组装之后调用。它必须是一个无参数的方法
destroy-method			用来定义 Bean 的销毁方法，它在 BeanFactory 关闭时调用。同样，它也必须是一个无参数的方法。它只能应用于 singleton Bean
factory-method			定义创建该 Bean 对象的工厂方法。它用于下面的"factory-bean"，表示这个 Bean 是通过工厂方法创建。此时，"class"属性失效
factory-bean			定义创建该 Bean 对象的工厂类。如果使用了"factory-bean"则"class"属性失效
scope	singleton prototype request session global session		设置 Bean 的作用域 Request，session，global session 仅用于 Web 应用中

对于一般的 Bean 属性配置，指定 id 和 class 就足够了，在后面的例子中会讲到其他常见属性的使用。

除了配置 Bean 的属性外，还可以根据需要通过配置 Bean 的子标签来配置多个 Bean 之间的关系，以达到注入的目的。其中，Type3 型的注入方式通过<property>子标签实现，Type2 型的注入方式通过<constructor-arg>子标签实现。首先介绍<property>标签的用法。

1）<property name=" ">

property 是最常用的子标签，它可以给 Bean 设置属性。其中，name 表示 Bean 的属性名称。通常属性的值可以用以下方式赋予：

① 直接使用 value。

② 使用 value 子元素。

③ 使用 ref 子元素指向另一个 Bean，指向的 Bean 必须在配置文件中存在。

需要注意的是该 Bean 的属性必须提供 set/get 方法。

假设有一个电脑类的表示如下：

```
public class Computer {
    // 生产厂商
    String manu;
    // 型号
    String type;
    public String getType()
    {
        return type;
    }
    public void setType(String type)
    {
        this.type = type;
    }
    public String getManu()
    {
        return manu;
    }
    public void setManu(String manu)
    {
        this.manu = manu;
    }
    //打印机
    Printer p;
    //打印文本
    public void printTxt(String txt)
```

```
        {
            p.init();
            p.print(txt);
        }
        public Printer getP()
        {
            return p;
        }
        public void setP(Printer p)
        {
            this.p = p;
        }
    }
```

则可以通过上面的三种方式来配置一个电脑类的实例：

```xml
<!-- 配置计算机-->
    <bean id="pc" class="com.ssoft.ssh.demo3.Computer">
        <!-- 采用 value 子标签配置属性-->
        <property name="manu">
            <value>苹果</value>
        </property>
        <!-- 采用 value 直接配置属性 -->
        <property name="type" value="IPad" />
        <!-- 采用 ref 引用定义好的 corPrinter 实例配置属性 -->
        <property name="p" ref="corPrinter"/>
    </bean>
```

此外，property 还可以包含集合元素，并通过<list>、<set>、<map>等配置与 Java 集合中的 list、set、map 对应，比如：

```xml
<bean id="testCollection" class="com.ssoft.ssh.TestCollection">
    <!-- 配置 list -->
    <property name="list">
        <list>
            <value>China</value>
            <value>American</value>
            <value>England</value>
        </list>
    </property>
    <!-- 配置 set -->
    <property name="set">
        <set>
```

```
                <value>China</value>
                <value>American</value>
                <value>England</value>
            </set>
        </property>
        <!-- 配置 map -->
        <property name="set">
            <map>
                <entry key="zh_cn" value="China"/>
                <entry key="en_US" value="American"/>
            </map>
        </property>
    </bean>
```

当为简单类型的属性赋值时，Spring 支持使用快捷方式。可以在<property>元素里使用 value 属性，以此取代在<property>元素里内附一个<value>元素。

比如，如下配置：

```
    <bean id="test1"class="com.ssoft.ssh.Test1">
     <property name="prefix" value="30"/>
     <property name="suffix" value="A"/>
     <property name="initial" value="100000"/>
    </bean>
```

为了方便定义属性，可以采取另一种便利的快捷方式。这种方式通过使用 p Schema 来定义 Bean 属性，其中 p 是<bean>元素的属性。这种方式可以减少 XML 配置的代码行数。

```
    <beans xmlns="http://www.springframework.org/schema/beans"
        xmlns:xsi=http://www.w3.org/2001/XMLSchema-instance
        xmlns:p="http://www.springframework.org/schema/p"
        xsi:schemaLocation="http://www.springframework.org/schema/beans
            http://www.springframework.org/schema/beans/spring-beans-3.0.xsd">
    <bean id="test1"
        class="com.ssoft.ssh.Test1"
            p:prefix="30" p:suffix="A" p:initial="100000"/>
    </beans>
```

2) <constructor-arg >

在 Bean 中嵌入多个<constructor-arg>子元素,通过名称可以看出,这些子元素是给 Bean 的构造函数注入值，即 Type2 类型的注入方式，这种注入有以下 3 种方式：

① 用 type 指定类型，value 指定值。

② 用 ref 属性引用另一个已经配置好的 Bean。

③ 用 ref 子标签引用另一个已经配置好的 Bean。

具体见下例：

```
<!-- 地址信息相关配置 -->
    <bean id="cInfo" class="com.ssoft.ssh.demo3.ContactInfo" p:address="广东珠海南方职业培训学院" p:mobile="13999999999" />
    <!-- 用户信息相关配置 -->
    <bean id="user"   class="com.ssoft.ssh.demo3.User">
        <constructor-arg name="name"   value="Tom" />
        <constructor-arg name="cInfo"   ref="cInfo" />
    </bean>
```

在定义 User 类的时候，构造函数需要有两个参数，其中 User 类的定义如下：

```
public class User {
    String name;
    String sex;
    int age;
//联系信息
    ContactInfo cInfo;

    public User(String name,ContactInfo cInfo)
    {
        this.name = name;
        this.cInfo = cInfo;
    }
}
```

用户的联系信息类 ContactInfo 的定义如下：

```
public class ContactInfo {
    String mobile;
    String address;
    String qq;

    public String getMobile()
    {
        return mobile;
    }

    public void setMobile(String mobile)
    {
        this.mobile = mobile;
    }
```

```
public String getAddress()

{

return address;

}


public void setAddress(String address)

{

this.address = address;

}


public String getQq()

{

    return qq;

}


public void setQq(String qq)

{

    this.qq = qq;

}

}
```

3. 使用多模块配置

当项目规模比较小的时候,只需要配置一个文件,但通常情况下,应用 Spring 的项目规模都比较大,为了便于项目的管理和人员的分工协作,通常要把 Spring 的配置文件按模块进行划分,一般一个模块需要一个配置文件,然后由一个总的配置文件把这些文件包含进来。

假设一个人力资源管理系统可能包含部门员工管理系统、招聘系统、工资系统、考勤系统、培训系统等 5 个模块,那么就可以分 5 个模块,并分别写 5 个模块的 Spring 配置文件,比如 spring_employee.xml、spring_salary.xml、spring_job.xml、spring_checkin.xml、spring_train.xml,最后把这 5 个配置文件通过<import>标记导入到一个名叫 spring_hr.xml 的配置文件中。spring_hr.xml 的配置如下:

```xml
<?xml version="1.0" encoding="UTF-8"?>
<beans xmlns="http://www.springframework.org/schema/beans"
        xmlns:xsi="http://www.w3.org/2001/XMLSchema-instance"
        xmlns:p="http://www.springframework.org/schema/p"
        xsi:schemaLocation="http://www.springframework.org/schema/beans
            http://www.springframework.org/schema/beans/spring-beans-3.0.xsd">
    <!-- 导入其他模块的配置文件 -->
    <import resource="spring_employee.xml"/>
```

```
<import resource="spring_salary.xml "/>
<import resource="spring_job.xml "/>
<import resource="spring_checkin.xml "/>
<import resource="spring_train.xml "/>
</beans>
```

这只是多文件配置方式中的一种，在做 Web 开发和其他框架集成的时候，还会介绍其他多文件配置的方式。

4．实例化 Spring 容器

使用配置文件定义好了容器管理的 Bean 之后，第三步就是在程序当中获取 BeanFactory 的实例，然后通过 BeanFactory 产生所需要的 Bean 的实例。获取 BeanFactory 的实例的方式有多种，其中最常见的方式如下：

方式一：实例化 BeanFactory。

要实例化 BeanFactory，首先必须将 Bean 配置文件加载到 Resource 对象中。例如，下面的语句就对位于 classpath 根目录下的配置文件进行了加载。

```
Resource resource = new ClassPathResource("beans.xml");
```

Resource 仅仅是一个接口，ClassPathResource 是它的一个实现，ClassPathResource 用于从 Classpath 加载资源。其他 Resource 接口的实现，如 FileSystemResource、InputStreamResource 和 UrlResource 用于从其他位置加载资源。图 1-5 显示了在 Spring 里 Resource 接口的一般实现。

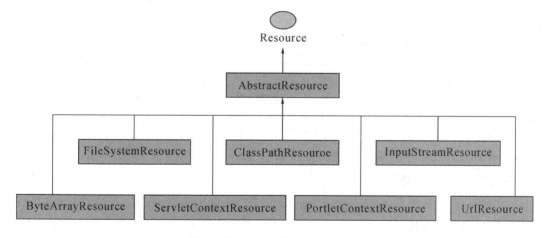

图 1-5　Resource 接口的一般实现

接下来，使用上面加载配置文件生成的 Resource 对象，实例化 BeanFactory。

```
BeanFactory factory = new XmlBeanFactory(resource);
```

BeanFactory 仅仅是一个接口，它对 BeanFactory 的操作进行了抽象，XmlBeanFactory 则是对它的具体实现，用于从 XML 配置文件构建 BeanFactory，在 Spring3.*X* 版本中已经建议不采用 XmlBeanFactory 的方式获取 BeanFactory，所以最好还是采用第二种方式。

方式二：实例化 ApplicationContext。

和 BeanFactory 类似，ApplicationContext 也只是一个接口，要使用 ApplicationContext，首先必须实例化它的实现类。ClassPathXmlApplicationContext 是 ApplicationContext 的实现，从 classpath 加载 XML 配置文件，然后构建 Application Context。也可以为其指定多个配置文件。

① 加载单个文件：

ApplicationContext = new ClassPathXmlApplicationContext("beans.xml");

② 加载多个文件：

ApplicationContext = new ClassPathXmlApplicationContext(

new String[]{"beans.xml","beans1.xml"});

除了 ClassPathXmlApplicationContext，Spring 还提供了一些其他的 ApplicationContext 实现。FileSystemXmlApplicationContext 用于从文件系统加载 XML 配置文件，XmlWebApplicationContext 只能用于 Web 应用程序，XmlPortletApplicationContext 只能用于门户应用程序。图 1-6 显示了 Spring 里 ApplicationContext 接口的一般实现。

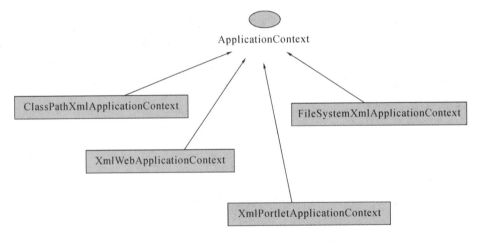

图 1-6 ApplicationContext 接口的一般实现

获取 BeanFactory 后，就可以通过工厂获取 Bean 的实例。

5. 获取 Bean 的实例

要从 Bean Factory 或 Application Context 里获取所声明的 Bean，需要调用 getBean()方法，给这个方法传入唯一的 Bean 名称。因为该方法返回的对象类型是 java.lang.Object，所以需要在使用返回对象之前将其他强制转换为各自真正的类型，具体代码如下：

```
public class SpringTest {
    /**
    * @param args
    */
    public static void main(String[] args)
    {
        //获取 BeanFactory 实例
```

```
        ApplicationContext context = new ClassPathXmlApplicationContext("beans.xml");
        // 获取 Computer 实例
        Computer p = (Computer)context.getBean("pc");
        p.printTxt("Hello,Spring!");
    }
}
```

第 2 章　Spring AOP

2.1　AOP 基础

AOP(Aspect-Oriented Programming，面向切面编程)是一种新的方法论，它是对传统的 OOP(Object-Oriented Programming，面向对象编程)的补充和完善。AOP 的目的并不是取代 OOP，实际上它经常和 OOP 一起使用。AOP 为开发者提供了另一种组织应用程序结构的方式，它的主要编程元素不再是 OOP 里的类和接口，而是 Aspect(切面)。典型例子包括日志、验证和事务管理。

Aspect 是一种新的模块化机制，用来描述分散在对象、类或函数中的横切关注点 (Crosscutting Concern)。从关注点中分离出横切关注点是面向切面的程序设计的核心概念。分离横切关注点让解决特定领域问题的代码从业务逻辑中独立出来，使业务逻辑代码中不再含有针对特定领域问题代码的调用，业务逻辑同特定领域问题的关系通过切面来封装、维护，这样原本分散在整个应用程序中的变动就可以被很好地管理起来。

2.1.1　AOP 概述

如图 2-1 所示，AOP 采用横向切割的方式，把横切逻辑，即和业务本身无关的逻辑独立出来，再根据需要把这些独立的模块织入到业务方法中。

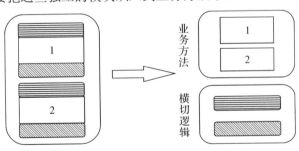

图 2-1　AOP 横向切割

除了 IoC 容器，Spring Framework 的另一个核心模块就是 AOP 框架。但是，Spring 的 IoC 模块并不依赖于 AOP，如果项目中不需要则完全可以不使用 AOP 模块。目前，市场上有很多种 AOP 框架，主流的只有以下三种开源的 AOP 框架。

(1) AspectJ，5.0 版本后与 AspectWerkz 合并。

(2) JBoss AOP，它是 JBoss 应用程序服务器项目的一个子项目。

(3) Spring AOP，它是 Spring Framework 的一部分。

其中，AspectJ 是 Java 社区里最完整、最流行的 AOP 框架。同时，Spring AOP 也提供了另外一种完整的 AOP 实现，但它不是 AspectJ 的竞争者，它的目的是给 Spring IoC 容器提供一种一致性集成的 AOP 解决方案。Spring AOP 的设计理念是：无论开发人员采用什么样的技术，Spring 都会提供一个融合这些技术的平台，所以，尽管 Spring 本身的 AOP 不是很强大，但是 Spring 本身提供了对 AspectJ 的封装，以支持对 AspectJ 的使用。

2.1.2　AOP 常用术语

如同 OOP 中常用的术语：多态、封装、继承一样，AOP 中也有常用术语，认识这些术语，有助于加深对 AOP 的理解和应用。AOP 常用术语见下。

(1) JoinPoint：连接点，在程序执行过程中某个特定的点。比如，某方法调用或者处理异常时，若使用 AOP 则需要把横切代码插入到程序中，这些被插入的地方可看成是连接点。Spring 仅支持方法的连接点，即方法调用的前后、方法执行异常等。

(2) PointCut：切入点，匹配连接点(JoinPoint)；通知和一个切入点表达式关联，并在满足这个切入点的连接点上运行。类比地说，连接点就像是数据库的数据记录，切入点就像是查询条件，通过切入点可以定位连接点，一个切入点可以匹配多个连接点。

(3) Advice：通知，在切点的某个特定连接点上执行的动作，它定义了切面是什么、什么时候使用。常见通知分为以下几种类型：

① 前置通知(Before Advice)：在某连接点之前执行的通知，但这个通知不能阻止连接点前的执行(除非它抛出一个异常)。

② 后置通知(After Returning Advice)：在某连接点正常完成后执行的通知，例如一个方法没有抛出任何异常，即可正常返回。

③ 环绕通知 (Around Advice)：包围一个连接点的通知，如方法调用。这是最强大的一种通知类型。环绕通知可以在方法调用前后完成自定义的行为。它也会选择是否继续执行连接点或直接返回其自身的返回值或抛出异常来结束执行。

④ 抛出异常后通知 (After Throwing Advice)：在方法抛出异常退出时执行的通知。

(4) Introduce：引入，可看作是一种特殊的通知，允许为已存在类添加新方法和属性。例如，可以创建一个稽查通知来记录对象的最后修改时间。只要用一个方法 setLastModified(Date)以及一个保存这个状态的变量，即可在不改变已存在类的情况下将状态引入，设置新的行为和状态。

(5) Aspect：切面，由切入点和通知组成，它既包括了横切逻辑的定义，也包括了连接点的定义。

(6) Target：目标对象，通知对象织入的目标对象，通常这个对象只需要关注业务逻辑操作，非业务的横切逻辑在通知中，AOP 可以动态地把通知织入到这些目标中。

(7) Weaving：织入，采用某种方式把通知添加到目标对象中的过程。通常情况下，织入的时期有以下三种：

① 编译期：切面在目标对象编译时织入。这需要一个特殊的编译器。

② 类装载期：切面在目标对象被载入到 JVM 中时织入。这需要一个特殊的类载入器，它在类载入到应用系统之前增强目标对象字节码。

③ 运行期：切面在应用系统运行时织入。通常，AOP 容器将在织入切面的时候动态

生成委托目标对象的代理对象。

图 2-2 展示了 AOP 的关键概念。

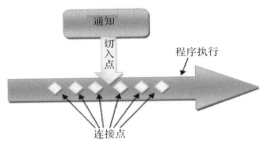

图 2-2　AOP 的关键概念

由图可以看出，通知包括需要应用的交叉行为，连接点是通知在应用系统需要应用的所有切入点，切入点定义了通知要在哪些连接点应用。

2.1.3　动态代理

使用代理的目的是不希望客户直接访问原始对象，这样可以起到保护原始对象的作用，有时也可以屏蔽使用原始对象的细节。代理对象负责决定是否以及何时将方法调用转发到原始对象上，此外，围绕着每个方法的调用，代理对象也可以执行一些额外任务。这样的例子在实际生活中有很多，比如服务器代理、防火墙代理、代理商等。

代理模式是 GOF23 中经典模式之一，其基本思想是给某一对象提供代理对象，并由代理对象控制具体对象的引用。图 2-3 展示了代理设计模式的思路。

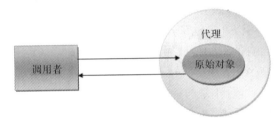

图 2-3　代理设计模式

在 Java 里，实现代理设计模式有两种方法。一种是静态代理，另一种是动态代理。Spring AOP 的核心实现技术是动态代理。

在 JDK1.3 以后，Java 提供了动态代理技术，允许开发人员在运行期间创建接口的代理实例。

使用 Java 的代理类必须要求目标类和代理类实现一个共同的接口。JDK 的动态代理类使用 java.lang.reflect 包中的两个主要类：Proxy 和 InvocationHandler。

其中，InvocationHandler 是一个接口，可以通过实现该接口定义横切逻辑，并通过反射的机制调用目标类代码，动态地把横切逻辑和业务逻辑编织在一起。Proxy 则是利用 InvocationHandler 动态创建一个和目标类接口相同的实例，从而产生目标类的代理对象。

举例说明，有一个电脑类接口，代码如下：

```
public interface Computer {
```

```
    //启动
    void start();
    //停止
    void stop();
    //打印
    void print();
}
```

接口中有三个方法，分别表示：启动、停止和打印。接下来，写一个简单的实现：

```
public class PC implements Computer {
    @Override
    public void start()
    {
        System.out.println("启动电脑...");
    }

    @Override
    public void stop()
    {
        System.out.println("停止电脑...");
    }

    @Override
    public void print()
    {
        System.out.println("打印...");
    }
}
```

ComputerImpl 做了一个简单的实现，提示每个方法正在进行的操作，现在需要给这个 PC 类的每个方法添加一个横切的逻辑，希望在执行每个方法之后，打印出该方法运行的开始时间和结束时间。如果采用静态代理的方法，则需要另外写一个静态代理类 PCStaticProxy，其代码如下：

```
public class PCStaticProxy implements Computer {
    //目标类
    PC pc = new PC();
    @Override
    public void start()
    {
        System.out.println(new Date() + "开始运行!");
        pc.start();
        System.out.println(new Date() + "结束运行!");
```

```
        }

        @Override
        public void stop()
        {
            System.out.println(new Date() + "开始运行!");
            pc.stop();
            System.out.println(new Date() + "结束运行!");
        }

        @Override
        public void print()
        {
            System.out.println(new Date() + "开始运行!");
            pc.print();
            System.out.println(new Date() + "结束运行!");
        }
    }
```

PCStaticProxy 是 PC 的静态代理类实现。PCStaticProxy 中有一个 pc 属性，这个属性就是 PCStaticProxy 要代理的目标类，PCStaticProxy 所做的就是调用目标类的方法，同时把横切的代码织入其中，这样就完成了对 PC 类的静态代理。在客户端使用的时候，不再直接使用 PC 类，而是使用 PC 的代理类 PCStaticProxy，比如：

```
    Computer comp = new PCStaticProxy();
    comp.start();
    comp.stop();
    comp.print();
```

由上面代码可以看出，使用静态代理类实现代码横切几乎要重写目标类代码，增加了大量的重复性工作，并且一旦横切代码需要改变，就会引起大量的代码改动，极不利于代码的维护，若使用动态代理则不会出现上述问题，下面来看看动态代理是如何实现的。

使用动态代理类首先需要实现 InvocationHandler 接口。InvocationHandler 接口表示如下：

```
    package java.lang.reflect;
    public interface InvocationHandler {
        public Object invoke(Object proxy,Method method,Object [] args) throws Throwable;
    }
```

接口中声明方法——invoke()，在方法中控制整个调用过程。invoke()方法的第一个参数是最终产生的代理实例，第二个参数是表示被代理的目标实例的方法名，最后一个参数是表示被调用的目标方法的参数数组。

事实上，可以将接口看成一个织入器，在 invoke 方法中，可以把需要织入的横切代码和目标代码编织在一起。本例中，创建一个 PCHandler 类实现接口 InvocationHandler：

```
public class PCHandler implements InvocationHandler {
    // 代理类
    Object target;

    public PCHandler(Object target)
    {
        this.target = target;
    }

    @Override
    public Object invoke(Object proxy, Method method, Object[] args)
            throws Throwable
    {
        Object obj = null;
        System.out.println(method.getName() + "于:" + new Date() + "开始运行!");
        obj = method.invoke(this.target, args);
        System.out.println(method.getName() + "于:" + new Date() + "结束运行!");
        return obj;
    }
}
```

该实现类中有一个 target 属性，表示需要代理的目标类，实现类实例化的时候需要知道这个目标类。

以下代码利用了 Java 中的反射技术执行目标类的方法：

```
obj = method.invoke(this.target, args);
```

PCHandler 只相当于一个代码织入器，并没有产生最终的代理类。

产生代理类需要使用 Proxy 类的 newInstance 方法，其声明如下：

```
public static Object newProxyInstance(ClassLoader loader,Class<?>[] interfaces, InvocationHandler h)
```

该方法需要三个参数，第一个参数负责注册该代理，在绝大部分情况下，它应该就是加载原始类的加载器；第二个参数由该代理需要实现的接口组成，通常需要代理目标类的所有接口；第三个参数传递空值，最后用它来进行计算，此时所有的方法调用都将通过日志来处理程序。

有了 Proxy 之后，就可以使用该类创建所需要的代理类给客户端使用，代码如下：

```
//创建代理目标类的实例
Computer target = new PC();
//创建 Computer 的动态代理
Computer comp = (Computer)Proxy.newProxyInstance(target.getClass().getClassLoader(),
                target.getClass().getInterfaces(), new PCHandler(target));
comp.start();
```

注意：动态代理的优点是不需要再另外编写大量的代码，缺点是目标类必须要实现某一个接口，为了弥补 JDK 动态代理只限于代理接口的实现类，Spring 使用了 CGLib 作为动态代理技术。

2.2　通知和切面

2.2.1　通知

Spring AOP 主要通过 Advice 定义横切逻辑。在 Spring 中支持 5 种类型的 Advice，这 5 种类型的 Advice 如表 2-1 所示。

表 2-1　Spring 中支持的 5 种 Advice

通知类型	连接点	实现接口
前置通知	目标方法前	org.Spring Framework.aop.MethodBeforeAdvice
后置通知	目标方法后	org.Spring Framework.aop.AfterReturningAdvice
环绕通知	目标方法前后	org.aopalliance.intercept.MethodInterceptor
抛出异常后通知	目标方法抛出异常	org.Spring Framework.aop.ThrowsAdvice
引入通知	在目标类中增加新的方法属性	org.Spring Framework.aop.IntroductionInterceptor

通常应根据需要实现这些接口中的方法。在接口方法中定义横切逻辑，就可以把它们织入到目标类的方法中，以前置通知为例，使用 Spring 的 AOP 方式，给前面定义的 PC 类的所有方法执行加上前置横切逻辑，并打印"××方法开始执行"。首先，实现 MethodBeforeAdvice 接口，代码如下：

```
public class BeforeAdviceDemo implements MethodBeforeAdvice {
    @Override
    public void before(Method arg0, Object[] arg1, Object arg2)
            throws Throwable
    {
        System.out.println(arg0.getName()+"方法执行...");
    }
}
```

MethodBeforeAdvice 继承了 Before Advice 接口，该接口表示前置通知，需要实现 MethodBeforeAdvice 接口里面的 before 方法。before 方法有三个参数，其中 arg0 表示执行的目标类方法，arg1 表示目标类方法的参数，arg2 表示目标实例类。在 before 方法中，需要定义横切的逻辑代码，然后把横切的代码与目标类代码编织在一起。

在 Spring 中，需要使用 ProxyFactory 类产生目标类代码，同时使用它编织横切代码。下面看看如何使用 ProxyFactory 类产生代理类。

```java
public class BeforeAdviceDemoTest {
  public static void main(String[] args)
  {
//获取 Spring 代理工厂
      ProxyFactory pf = new ProxyFactory();
      //设置代理目标
      pf.setTarget(new PC());
      //设置通知
      pf.addAdvice(new BeforeAdviceDemo());
      //创建代理
      PC proxy = (PC)pf.getProxy();
    proxy.start();
  }
}
```

ProxyFactory 使用比较简单，由名字可以看出，它是一个类代理工厂，专门用于产生类代理。Spring 会根据需要使用 JDK 的代理或者是 CGLib 的代理，通过 ProxyFactory 的 addAdvice 方法可以增加通知。addAdvice 方法可以添加多个通知，最终形成通知链，调用的顺序和增加通知的顺序一致，使用 setTarget 方法可以指定代理目标，最后通过 getProxy() 方法产生一个目标类的代理类。

除了使用 ProxyFactory 创建代理外，还可以通过 Spring 配置 IoC 的方式产生代理类。

使用 Spring 配置的方式，配置代码如下：

```xml
<?xml version="1.0" encoding="UTF-8"?>
<beans xmlns="http://www.Spring Framework.org/schema/beans"
        xmlns:xsi="http://www.w3.org/2001/XMLSchema-instance"
        xmlns:p="http://www.Spring Framework.org/schema/p"
        xsi:schemaLocation="http://www.Spring Framework.org/schema/beans
            http://www.Spring Framework.org/schema/beans/spring-beans-3.0.xsd">
    <!-- advice -->
    <bean id="beforeAdvice" class="com.ssoft.aop.springaop.BeforeAdviceDemo" />
    <!-- target -->
    <bean id="target" class="com.ssoft.aop.dynaproxy.PC" />
    <!-- proxy -->
    <bean id="proxy" class="org.Spring Framework.aop.framework.ProxyFactoryBean"
      p:interceptorNames="beforeAdvice"
      p:target-ref="target"
      p:proxyTargetClass="true"/>
</beans>
```

在使用配置文件的时候，通知和目标对象通过 Spring 的 IoC 管理起来，然后用 ProxyFactoryBean 作为代理对象。ProxyFactoryBean 是 FactoryBean 的实现类，

ProxyFactoryBean 的常见属性如下：

　　target：代理的目标类。

　　proxyInterfaces：代理类应该实现的接口列表。

　　interceptorNames：需要应用到目标对象上的通知 Bean 的名字，可以是拦截器、advisor 和其他通知类型的名字。这个属性必须按照在 BeanFactory 中的顺序设置。

　　singleton：返回的代理是否是单例，默认为单例。

　　aopProxyFactory：使用的 ProxyFactoryBean 实现。Spring 带有两种实现(JDK 动态代理和 CGLIB)。通常不需要使用这个属性。

　　optimize：设置成 true，若是单例则最好使用 CGLib 代理，其他方式使用 JDK 代理。

　　ProxyTargetClass：是否代理目标类，而不是实现接口，设置成 true 表示使用 CGLib 代理。

　　有了上述配置后，就可以通过实例调用方法，从 Spring 容器中获取代理类的实例，代码如下：

```
ApplicationContext ctx = new ClassPathXmlApplicationContext("beans.xml");
    PC pc= (PC)ctx.getBean("proxy");
    pc.start();
```

其他的通知方式和前置通知类似。

对于所有的通知，都可以通过 Pointcut 切点，把通知有选择地置入连接点中。

2.2.2　切面

　　在 OOP 中模块化的关键单元是类(classes)，而在 AOP 中模块化的单元则是切面。切面能对关注点进行模块化，例如横切多个类型和对象的事务管理。

　　Spring 提供了 3 种方式定义和组织切点：编程方式、注解方式和 XML 配置方式。本小节以 XML 配置方式为例，介绍使用切面的方法。

　　用下面的例子来了解一个基于配置方式是如何处理的。

```
<?xml version="1.0" encoding="UTF-8"?>
<beans xmlns="http://www.Spring Framework.org/schema/beans"
        xmlns:xsi="http://www.w3.org/2001/XMLSchema-instance"
        xmlns:aop="http://www.Spring Framework.org/schema/aop"
        xmlns:p="http://www.Spring Framework.org/schema/p"
        xsi:schemaLocation="http://www.Spring Framework.org/schema/beans
            http://www.Spring Framework.org/schema/beans/spring-beans-3.0.xsd
            http://www.Spring Framework.org/schema/aop
            http://www.Spring Framework.org/schema/aop/spring-aop-3.0.xsd">
    <!-- target -->
    <bean id="target" class="com.ssoft.aop.dynaproxy.PC" />
    <!-- 使用 aop 配置 -->
    <bean id="simpleAdvice" class="com.ssoft.aop.springaop.SimpleAdvice"/>
```

```
<aop:config proxy-target-class="true">
<!-- 配置切面 -->
 <aop:aspect ref="simpleAdvice">
    <!-- 配置切点 -->
    <aop:pointcut expression="execution(* com.ssoft.aop.dynaproxy.PC.*(..))" id="pt1"/>
    <aop:before method="printTime" pointcut-ref="pt1"/>
 </aop:aspect>
</aop:config>
</beans>
```

SimpleAdvice 类定义如下：

```
public class SimpleAdvice {
//打印时间
public void printTime(JoinPoint jp)
{
System.out.println("方法:"+jp.getSignature().getName()+" 开始执行时间:"+new Date());
}
}
```

SimpleAdvice 是一个普通的类，用于定义横切逻辑，使用 XML 配置 AOP 的时候，横切逻辑可以是任意一个 JavaBean，不需要实现任何接口。

要使用 XML 配置 AOP 切面，首先需要在 beans 标签中添加相应的命名空间，其次通过一系列的以 aop 开头的标记配置切面，具体步骤如下：

1. 声明切面

在 Bean 配置文件中，所有的 Spring AOP 配置都必须定义在<aop:config>元素内部。每个切面，都要创建一个<aop:aspect>元素来为具体的切面实现引用后端 Bean 实例。因此，切面 Bean 必须有一个标识符，供<aop:aspect>元素引用。需要注意的是该 Bean 可以是任意一个简单的 JavaBean，不需要实现任何接口。

例如：

```
<aop:config proxy-target-class="true">
<!-- 配置切面 -->
<aop:aspect ref="simpleAdvice">
    …
</aop:aspect>
</aop:config>
```

2. 声明切入点

切入点必须定义在<aop:aspect>元素下，或者直接定义在<aop:config>元素下。在前一种情况中，切入点只对声明的切面可见；而后一种情况则是一个全局的切入点定义，它对所有切面均可见。

```
<!-- 配置切点 -->
```

```
<aop:pointcut expression="execution(* com.ssoft.aop.dynaproxy.PC.*(..))" id="pt1"/>
```

以上配置定义了一个切点，切点是用来描述连接点的集合，配置中使用了 AspectJ 的表达式语法。其中，execution 是 AspectJ 的切点函数，其语法如下：

execution(<修饰符模式>?<返回类型模式><方法名模式>(<参数模式>)<异常模式>?)

以方法签名定义切入点，例如：

execution(public * *(..))：匹配目标类所有的 public 方法，第一个*表示返回任意类型，第二个*匹配方法名称，(..)匹配任意参数。

execution(public * Pre*(..))：匹配目标类所有以 Pre 开头的 public 方法。

通过类定义切点，例如：

execution(* com.ssoft.PC.*(..))：匹配 com.ssoft.PC 类中的所有的方法，第一个*表示返回任意类型，第二个*匹配所有方法。

通过包名定义切点，例如：

execution(* com.ssoft.*(..))：匹配 com.ssoft 包中所有类的所有的方法。

execution(* com.ssoft..*(..))：匹配 com.ssoft 包及其子包中所有类的所有方法。

3. 声明通知

在 AOP Schema 中，每种通知类型都对应一个特定的 XML 元素。通知元素需要 pointcut-ref 属性来引用切入点，或者用 pointcut 属性直接嵌入切入点表达式。method 属性指定切面类中通知方法的名称。

常用的通知如下：

前置通知：

```
<aop:before method="printTime" pointcut-ref="pt1"/>
```

后置通知：

```
<aop:after-returning method="printTime" pointcut-ref="pt1"/>
```

环绕通知：

```
<aop:around method="printTime" pointcut-ref="pt1"/>
```

异常通知：

```
<aop:after-throwing method="printTime" pointcut-ref="pt1"/>
```

第 3 章　Spring 注解

　　Spring 使用了配置文件的方式管理 Bean 和 AOP 的管理，其实 Spring 从 2.0 版本就开始支持使用注解的方式配置，并在 3.0 版本中得到了进一步完善。本章主要介绍在 Spring 中使用注解配置 Bean 和 AOP。

3.1　使用注解配置 IoC

3.1.1　使用注解定义 Bean

　　采用 XML 方式配置 Bean 的时候，Bean 的定义信息和实现是分离的，若采用注解的方式则可以把两者合为一体，让 Bean 的定义信息直接以标注的形式定义在实现类中，从而达到零配置的目的。

　　比如，对于如下的一个 Bean 类：

```
public class UserDAOImpl implements IUserDAO{

@Override
public void insert(User p)
{
  UserRepository.insert(p);
}

@Override
public List<User> findAll()
{
  return UserRepository.findAll();
}

}
```

在 XML 中采用如下配置：

```
<bean id="userDAO" class="com.ssoft.anno.dao.impl.UserDAOImpl" />
```

换成使用标注则是：

```
@Component("userDAO")
```

```
public class UserDAOImpl implements IUserDAO{
    …
}
```

在类的开头使用@Component 标注可以被 Spring 容器识别，启动 Spring 后，会自动把它转成容器管理的 Bean。

除了@Component 外，Spring 提供了 3 个功能基本和@Component 等效的注解，分别对 DAO、Service 和 Controller 进行注解。

① @Repository 用于对 DAO 实现类进行标注。

② @Service 用于对业务层标注，但是目前该功能与@Component 相同。

③ @Constroller 用于对控制层标注，但是目前该功能与@Component 相同。

通过在类上使用 @Repository、@Service 和@Constroller 注解，Spring 会自动创建相应的 BeanDefinition 对象，并注册到 ApplicationContext 中。这些类就成了 Spring 受管组件。这 3 个注解除了作用于不同软件层次的类外，使用方式与@Component 完全相同。

以上 3 个典型注解的示例如下：

控制层(Controller)：

```
@Controller("testAction")
public class TestAction {
    public String execute()throws Exception{
        return "success";
    }
}
```

业务层(Service)：

```
@Service("userBO")
public class UserBO {
    public void insert(User p)
    {
    }
    public List<User> findAll()
    {
        return null;
    }
}
```

持久层(DAO)：

```
@Component("userDAO")
public class UserDAOImpl implements IUserDAO{
    @Override
    public void insert(User p)
    {
        UserRepository.insert(p);
```

```
        }
        @Override
        public List<User> findAll()
        {
            return UserRepository.findAll();
        }
    }
```

其中，括号中的参数相当于配置文件中<bean> 标签的 id 属性，使用注解定义类之后，需要让 Spring 容器知道哪些类是使用了注解标注的，这需要在配置文件中进行配置。

3.1.2　使用注解配置信息文件

Spring 2.5 以后提供了一个 Context 命名空间，设有如下代码：

```
<?xml version="1.0" encoding="UTF-8"?>
<beans xmlns="http://www.springframework.org/schema/beans"
        xmlns:xsi="http://www.w3.org/2001/XMLSchema-instance"
        xmlns:context="http://www.springframework.org/schema/context"
        xmlns:p="http://www.springframework.org/schema/p"
        xsi:schemaLocation="http://www.springframework.org/schema/beans
            http://www.springframework.org/schema/beans/spring-beans-3.0.xsd
            http://www.springframework.org/schema/context
            http://www.springframework.org/schema/context/spring-context-3.0.xsd">
        <!-- 自动扫描 -->
        <context:component-scan base-package="com.ssoft.anno" />
</beans>
```

增加了 Context 命名空间之后，就可以通过<context>标记指定需要扫描的包。启动 Spring 容器后，Spring 会根据该包中的注解信息自动产生容器管理的 Bean。

　　<context>标记还可以使用 resource-pattern 属性，对指定的基包下面的子包进行选取，比如：

```
        <!-- 自动扫描 -->
        <context:component-scan base-package="com.ssoft.anno" resource-pattern="bo/*.class" />
```

上述配置表示只对 com.ssoft.anno.bo 中的类进行扫描。

　　对于更复杂的需要，可以通过 <context> 的过滤子标签 <context:include-filter> 和 <context:exclude-filter>按需要进行选择，例如：

```
        <context:component-scan base-package="com.ssoft.anno">
        <context:include-filter type="aspectj" expression="com.ssoft.anno.dao.*.*"/>
        <context:exclude-filter type="aspectj" expression="com.ssoft.anno.entity.*.*"/>
        </context:component-scan>
```

<context:include-filter>表示需要包含的目标类,<context:exclude-filter>表示需要排除的

目标类。

在这两个过滤标签中，type 属性表示采用什么样的类型过滤，expression 则是过滤的表达式，Spring 3.X 版本中支持 5 种类型表达式，如表 3-1 所示。

表 3-1　5 种类型的表达式

类型	例	说　　明
annotation	org.example.SomeAnnotation	所有标注了 SomeAnnotation 的类
assignable	org.example.SomeClass	所有扩展或者实现 SomeClass 的类
aspectj	org.example..*Service+	使用 AspectJ 表达式语法，表示 org.example 包下所有包含 Service 的类及其子类
regex	org\.example\..*	Regelar Expression，表示 org.example 下所有的类
custom	org.example.MyTypeFilter	采用 MyTypeFilter 通过代码方式根据过滤规则必须实现 org.springframework.core.type.TypeFilter 接口

在过滤类型中，AspectJ 表达式是最强的，通常情况下使用它是最方便的。

3.1.3　使用注解实现依赖注入

使用注解标注 Bean 后可被容器管理，同样，也可以使用标注实现依赖注入。

(1) 使用@Autowired 实现自动注入。使用了该标注后，@Autowired 默认会按照类型匹配的模式，在容器中查找匹配的 Bean 进行注入，比如：

```
@Service("userBO")
public class UserBO {
    @Autowired
    IUserDAO userDAO;
    …………
}
```

在 UserBO 中定义了一个 userDAO 的属性，Spring 会自动在容器内查找名称为 userDAO 的 Bean，然后把它注入 UserBO。

@Autowired 标注有一个 required 属性，默认为 true，表示容器中必须要有一个 Bean 的名称和它所标注的属性名称一致，如果找不到则会抛出异常。如果设置为 false，则即使找不到也不会抛出异常。

(2) 使用@Qualifier 标注指定注入 Bean 的名称，Spring 会在容器中查找指定名称的 Bean 进行注入，比如：

```
@Service("userBO")
public class UserBO {
    @Qualifier("userDAO")
    IUserDAO userDAO;
    …………
}
```

　　以上两种方式是 Spring 本身提供的注解，此外，Java 本身也提供了两个注解完成类似
@Autowired 的功能，一个是@Resource，另一个是@Inject。@Resource 按名称匹配注入
Bean，而@Inject 则按照类型匹配进行注入，比如：

```
@Service("userBO")
public class UserBO {
    @Resource(name="userDAO")
    IUserDAO userDAO;
    ............
}
```

　　两种类型标注都可以实现依赖注入，这样大大减少了 XML 的配置工作量，但是，只
有 JDK1.5 以上的版本才可以使用标注。

　　Spring 陆续提供了十多个注解，但是这些注解的作用只是为了在某些情况下可以简化
XML 配置，并非要取代 XML 配置方式，实际应用中可以根据具体的需要选择采用 XML
配置的方式或者标注的方式。

3.2　使用 AspectJ 配置 AOP

3.2.1　使用前准备

　　Spring 2.X 版本开始支持在它的 AOP 框架中使用以 AspectJ 注解编写的 POJO 切面。
在使用 AspectJ 之前首先必须保证 JDK 的版本是 5.0 以上，此外还需要导入 Spring 中 asm
模块以及 AspectJ 相关的 jar 包。

3.2.2　配置 AOP

　　以下是一个简单例子：

```
@Component
@Aspect
public class PreAspect {
    @Before("execution(* com.ssoft.anno.service.*.*(..))")
    public void beforeAdvice()
    {
        System.out.println("Hello~~!");
    }
}
```

　　本例中使用了 3 个标注对象，一个是@Component，表明该类的实例会被 Spring 管理；
一个是@Aspect，表明通过该类定义了一个切面；最后一个是@Before，这个注解有两层含
义，第一是定义了通知的类型，第二是通过 AspectJ 表达式定义了一个切点。@Before 定
义在 beforeAdvice 方法前，beforeAdvice 方法就是需要做的横切逻辑。以上整个类的描述

如果使用 XML 配置来定义则等同于以下配置：

```xml
<!-- 使用 aop 配置 -->
<bean id="preAspect" class=" com.ssoft.anno.aspect.PreAspect"/>
<aop:config proxy-target-class="true">
<!-- 配置切面 -->
 <aop:aspect ref="preAspect">
    <!-- 配置切点 -->
    <aop:pointcut expression="execution(* com.ssoft.anno.service.*.*(..))" id="pt1"/>
    <aop:before method="beforeAdvice" pointcut-ref="pt1"/>
 </aop:aspect>
</aop:config>
```

要给这个应用程序启用 AspectJ 注解，只要在 Bean 配置文件中定义一个空的 XML 元素<aop:aspectj-autoproxy>就行了。此外，必须将 AOP Schema 定义添加到<beans>根元素中。当 Spring IoC 容器侦测到 Bean 配置文件中的<aop:aspectj-autoproxy>元素时，会自动为与 AspectJ 切面匹配的 Bean 创建代理。

beans.xml 配置的代码如下：

```xml
<?xml version="1.0" encoding="UTF-8"?>
<beans xmlns="http://www.springframework.org/schema/beans"
        xmlns:xsi="http://www.w3.org/2001/XMLSchema-instance"
        xmlns:context="http://www.springframework.org/schema/context"
        xmlns:aop="http://www.springframework.org/schema/aop"
        xmlns:p="http://www.springframework.org/schema/p"
        xsi:schemaLocation="http://www.springframework.org/schema/beans
            http://www.springframework.org/schema/beans/spring-beans-3.0.xsd
            http://www.springframework.org/schema/context
            http://www.springframework.org/schema/context/spring-context-3.0.xsd
            http://www.springframework.org/schema/aop
            http://www.springframework.org/schema/aop/spring-aop-3.0.xsd">
<!-- 自动扫描 -->
<context:component-scan base-package="com.ssoft.anno"/>
<!-- AOP -->
<aop:aspectj-autoproxy />
</beans>
```

注意粗体字部分添加了 Spring 对 AOP 的支持。Spring 的 AOP 注解中使用了大量的 AspectJ 函数表达式定义函数切点。

3.2.3 AspectJ 基础

@AspectJ 使用 AspectJ 专门的切点表达式描述切面，但由于 Spring 本身只支持方法级别的连接点，所以在 Spring 中只支持部分的 AspectJ 的语法。本章节只学习 Spring 支持的切点语法。

AspectJ 的切点函数是函数名(函数参数)的形式。在 AspectJ 中有很多切点表达式函数，但目前 Spring 仅支持 9 种常用的语法，它们用不同的方式描述目标类的连接点。根据描述对象的不同，AspectJ 表达式函数大致可分为以下 4 类：

① 方法切点函数：通过描述目标类方法信息定义连接点。

② 方法参数切点函数：通过描述目标类方法参数信息定义连接点。

③ 目标类切点函数：通过描述目标类类型信息定义连接点。

④ 代理类切点函数：通过描述代理类信息定义连接点。

表 3-2 显示了 Spring 所支持的 AspectJ 表达式函数。

表 3-2　AspectJ 表达式函数

类型	函数	参数	说　　明
方法切点函数	execution()	方法匹配模式串	表示满足匹配模式字符串的所有目标类方法的连接点，如 execution(* com.*.*(..))表示匹配 com 子包下面任何类的任何方法
	@annotation()	方法注解类名	表示任何标注了指定注解的目标方法连接点，如 @annotation(com.Test)表示匹配任何标注了@Test 注解的方法
方法参数切点函数	args()	类名	判断目标类方法运行时参数的类型指定连接点，如 arg(int,int)表示所有参数为 int，int 类型的目标类方法
	@args()	类型注解类名	匹配目标类方法参数中是否有指定特定注解的连接点，如 @arg(Test)表示匹配参数注解为 Test 的方法
目标类切点函数	within()	类名匹配串	匹配指定的包的所有连接点，如 within(com.ssoft.*)表示匹配 com.ssoft 包下面所有的类的所有方法
	target()	类名	匹配指定目标类的所有方法，如 target(com.ssoft.ITest)表示匹配 com.ssoft.ITest 类及其所有的子类或者实现类
	@within()	类型注解名	匹配目标对象拥有指定注解的类的所有方法，如 @within(com.Test)表示所有使用 Test 注解的类的所有方法
	@target()		匹配当前目标对象类型的执行方法，其中目标对象持有指定的注解；注解类型也必须是全限定类型名，如@target(com.Test)表示所有当前目标对象使用 Test 注解的类的所有方法
代理类切点函数	this()		匹配当前 AOP 代理对象类型的所有执行方法，如 this(com.ITest)表示当前 AOP 对象实现了 ITest 接口的任何方法

表 3-2 所示函数的参数很多都可以支持通配符号。AspectJ 支持的通配符如下：

*：匹配任何数量字符。

..：匹配任何数量字符的重复，如在类型模式中匹配任何数量子包，而在方法参数模式中匹配任何数量参数。

+：匹配指定类型的子类型，仅能作为后缀放在类型模式后边。

以下为常见的例子。

java.lang.String：匹配 String 类型。

　　java.*.String：匹配 Java 包下的任何"一级子包"下的 String 类型，如匹配 java.lang.String，但不匹配 java.lang.ss.String。

　　java..*：匹配 Java 包及任何子包下的任何类型，如匹配 java.lang.String、java.lang.annotation.Annotation。

　　java.lang.*ing：匹配任何 java.lang 包下的以"ing"结尾的类型。

　　java.lang.Number+：匹配 java.lang 包下的任何 Number 的自类型，如匹配 java.lang.Integer，也匹配 java.math.BigInteger。

　　切点函数之间还可以使用逻辑运算符进行连接。AspectJ 使用且(&&)、或(||)、非(!)来组合切入点表达式。在 XML 中使用"&&"时需要用转义字符"&&"来代替，这样很不方便，所以 Spring ASP 提供了 and、or、not 来代替&&、||、!。

　　execution 是使用频率最高的函数，以下是常见 execution 函数的示例。

　　public * *(..)：任何公共方法。

　　* cn.javass..IPointcutService.*()：cn.javass 包及所有子包下 IPointcutService 接口中的任何无参方法。

　　* cn.javass..*.*(..)：cn.javass 包及所有子包下任何类的任何方法。

　　* cn.javass..IPointcutService.*(*)：cn.javass 包及所有子包下 IPointcutService 接口中的任何只有一个参数的方法。

　　* (!cn.javass..IPointcutService+).*(..)：非"cn.javass 包及所有子包下 IPointcutService 接口及子类型"的任何方法。

　　* cn.javass..IPointcutService+.*()：cn.javass 包及所有子包下 IPointcutService 接口及子类型的任何无参方法。

　　* cn.javass..IPointcut*.test*(java.util.Date)：cn.javass 包及所有子包下 IPointcut 前缀类型的以 test 开头的只有一个参数类型为 java.util.Date 的方法。注意该函数是根据方法签名的参数类型进行匹配的，而不是根据执行时传入的参数类型所匹配的，如定义方法：public void test(Object obj)即使执行时传入 java.util.Date，也不会匹配。

　　* cn.javass..IPointcut*.test*(..)throws IllegalArgumentException：cn.javass 包及所有子包下 IPointcut 前缀类型的以 test 开头的任何抛出 IllegalArgumentExceptio 异常的方法。

　　* (cn.javass..IPointcutService+&& java.io.Serializable+).*(..)：任何实现了 cn.javass 包及所有子包下 IPointcutService 接口和 java.io.Serializable 接口的类型的任何方法。

　　@java.lang.Deprecated * *(..)：任何持有@java.lang.Deprecated 注解的方法。

3.2.4　AspectJ 注解类

　　在 AspectJ 注解中，切面只是一个带有@Aspect 注解的 Java 类。通知是标注有某种通知注解的简单的 Java 方法。AspectJ 支持 6 种类型的通知注解：@Before、@After、@AfterReturning、@AfterThrowing、@Around 和@DeclareParents，这些注解只能用于方法类。以下是每种注解类对应的通知。

　　(1) 前置通知：该通知处理将会在目标方法调用前被织入，使用 org.aspectj.lang.annotation 包下的@Before 注解声明。

使用方式：

```
@Before(value = "切入点表达式或命名切入点", argNames = "参数列表参数名")
```

其中，value 指定切入点表达式或命名切入点，可省略；argNames 指定参数列表参数名，可以用多个“,”分隔，可省略。

例如：

```
@Aspect
@Component
public class PreAspect1 {
    @Before(value="within(com.ssoft.anno.service.UserBO)&&args(u)",argNames="u")
    public void test(User u)
    {
        System.out.println(u);
    }
}
```

(2) 后置返回通知：该通知处理将会在目标方法正常完成后被织入，使用 org.aspectj.lang. annotation 包下的@AfterReturning 注解声明。

使用方式：

```
@AfterReturning(
    value="切入点表达式或命名切入点",
    pointcut="切入点表达式或命名切入点",
    argNames="参数列表参数名",
    returning="返回值对应参数名")
```

其中，value 指定切入点表达式或命名切入点；pointcut 同样是指定切入点表达式或命名切入点，如果该属性值存在则覆盖 value 属性值(pointcut 具有高优先级)；argNames 指定参数列表参数名，可以用多个“,”分隔，可省略；returning 将目标对象返回值返回给通知的方法。

例如：

```
@Component
@Aspect
public class SufReturnAspect {
    @AfterReturning(value="execution(* com.ssoft.anno.service.UserBO.find*())",returning="result")
    public void testReturn(Object result)
    {
        List<User> u = (List<User>)result;
        System.out.println("用户数为:"+u.size());
    }
}
```

(3) 后置返回异常通知：该通知处理在一个方法抛出异常后执行，使用 org.aspectj.lang. annotation 包下的@AfterThrowing 注解声明。

使用方式：

```
@AfterThrowing (
    value="切入点表达式或命名切入点",
    pointcut="切入点表达式或命名切入点",
    argNames="参数列表参数名",
    throwing="异常对应参数名")
```

其中，value 指定切入点表达式或命名切入点；pointcut 同样是指定切入点表达式或命名切入点，如果该属性值存在则覆盖 value 属性值(pointcut 具有高优先级)；argNames 同 "前置通知"；throwing 抛出的异常将传递到通知方法中。

例如：

```
@Component
@Aspect
public class SufExpAspect {
    // 定义后置返回异常通知切点
    @AfterThrowing(value="execution(* com.ssoft.anno.service.*.*(..))",throwing="exp")
    public void testExp(Exception exp)
    {
        System.out.println("异常返回了:"+exp.getMessage());
    }
}
```

(4) 后置最终通知：该通知在一个方法结束后执行(无论正常返回还是异常返回都会执行该通知)，使用 org.aspectj.lang.annotation 包下的@After 注解声明。

使用方式：

```
@After (
    value="切入点表达式或命名切入点",
    argNames="参数列表参数名")
```

其中，value 指定切入点表达式或命名切入点；argNames 同 "前置通知"。

例如：

```
@Component
@Aspect
public class AfterAspect {
    @After("execution(* com.ssoft.anno.service.*.*(..))")
    public void testAfterFinal(JoinPoint jp)
    {
        System.out.println("Method "+jp.getSignature().getName()+" End");
    }
}
```

其中粗体字部分是连接点类，为了让通知访问当前连接点的细节，可以在通知方法中声明一个类型为 JoinPoint 的参数。现在可以扩展切入点，将类名称和方法名称都改成通配符，来匹配所有的方法。

（5）环绕通知：Around 增强处理既可以在执行目标方法之前织入增强处理，也可以在执行目标方法之后织入增强动作。同时，Around 增强处理还可以决定目标方法在什么时候执行、如何执行甚至可以完全阻止目标方法的执行。Around 增强处理可以改变执行目标方法的参数值，也可以改变执行目标方法之后的返回值。

当定义一个 Around 增强处理方法时，该方法的第一个形参必须是 ProceedingJoinPoint 类型，并只有调用 ProceedingJoinPoint 的 proceed()方法才会执行目标方法。环绕通知使用 org.aspectj.lang.annotation 包下的@Around 注解声明。

使用方式：

```
@Around (
    value="切入点表达式或命名切入点",
    argNames="参数列表参数名")
```

其中，value 指定切入点表达式或命名切入点；argNames 同"前置通知"。

例如：

```
@Aspect
@Component
public class RoundAspect {
    // 定义环绕通知切点
    @Around("execution(* com.ssoft.anno.service.*.*(..))")
    public void testAround(ProceedingJoinPoint pj) throws Throwable
    {
        long i = System.currentTimeMillis();
        pj.proceed();
        System.out.println("执行目标方法:"+pj.getSignature().getName()+" 耗时:"+(System.current
TimeMillis()-i)+"毫秒");
    }
}
```

ProceedingJoinPoint 是一种特殊的连接点类，它作为 JoinPoint 的子类，常用于环绕通知中。

3.3　使用 Spring 表达式语言

3.3.1　简介

Spring 表达式语言(SpEL)从 3.X 开始支持，它是一种能够支持运行时查询和操作对象图的强大的表达式，其表达式语法类似于统一表达式语言。

SpEL 的诞生是为了给 Spring 社区提供一个可以给 Spring 目录中所有产品提供单一良好支持的表达式语言，其语言特性由 Spring 目录中的项目需求驱动，包括基于 eclipse 的 SpringSource 套件中的代码补全工具需求。

一般，表达式语言会用最简单的形式完成最主要的工作，以减少开发者的工作量。

SpEL 支持如下表达式：

(1) 基本表达式：字面量表达式、逻辑与算术运算表达式、字符串连接及截取表达式、三目运算、正则表达式、括号优先级表达式。

(2) 类相关表达式：类型表达式、类实例化、instanceof 表达式、变量定义及引用、赋值表达式、自定义函数、对象属性存取及安全导航表达式、对象方法调用、Bean 引用。

(3) 集合相关表达式：内联 List、内联数组、集合，字典访问、列表，字典，数组修改、集合投影、集合选择；不支持多维内联数组初始化，不支持内联字典定义。

(4) 其他表达式：模板表达式。

注：SpEL 表达式中的关键字不区分大小写。

3.3.2 基本用法

在使用 SpEL 之前需要准备 org.springframework.expression-3.X.RELEASE.jar 包，在使用 SpEL 表达式的时候一般分为 4 个步骤，首先构造一个解析器，其次解析器解析字符串表达式，随后构造上下文，最后根据上下文得到表达式运算后的值。

比如以下简单基本算数表达式：

```
//创建解析器
ExpressionParser p = new SpelExpressionParser();
//创建解析表达式
Expression e = p.parseExpression("(1+2)*100-60");
//获取结果
Object o = e.getValue();
System.out.println(o);
```

以下是 SpEL 的基本语言参考：

文字表达式：支持的文字表达类型有字符串、日期、数值(整型、实型和十六进制)、布尔类型和空。其中字符表达式可用单引号表示，如'Helloworld'。若表达式中含有单引号或双引号字符，则可使用转义字符/。

示例：

```
ExpressionParser ep= new SpelExpressionParser();
System.out.println(ep.parseExpression("'HelloWorld'").getValue());
System.out.println(ep.parseExpression("0xffffff").getValue());
System.out.println(ep.parseExpression("1.234345e+3").getValue());
System.out.println(ep.parseExpression("new java.util.Date()").getValue());
```

Properties，Arrays，Lists，Maps，Indexers：引用对象属性，只需使用一个句点来表示一个嵌套的属性值，例如：

```
ExpressionParser ep=new SpelExpressionParser();
User u = new User("Tom");
User m = new User("Merry");
//创建上下文变量
```

```
EvaluationContext ctx = new StandardEvaluationContext();
//设置一个名叫 u 的变量
ctx.setVariable("u", u);
ctx.setVariable("arrs", new String[]{"Tom","Mike","Tony"});
//测试集合
List<String> list = new ArrayList<String>();
list.addAll(Arrays.asList("China","American","England"));
ctx.setVariable("list", list);
//测试 Map
Map<String,User> maps = new HashMap<String,User>();
maps.put("Tom",u);
maps.put("Merry", m);
ctx.setVariable("us", maps);
System.out.println(ep.parseExpression("#u.name").getValue(ctx));
System.out.println(ep.parseExpression("#arrs[0]").getValue(ctx));
System.out.println(ep.parseExpression("#list[0]").getValue(ctx));
System.out.println(ep.parseExpression("#us['Tom'].name").getValue(ctx));
```

　　此处创建了一个上下文环境 StandardEvaluationContext 的实例。通过 setVariable 方法设置变量，如 setVariable("u",u)，然后在 SpEL 表达式中使用#符号引用该变量，然后通过"."符号引用该变量属性。

　　方法：采用典型的 Java 编程语法来调用，支持可变参数。

　　示例：

```
ExpressionParser ep = new SpelExpressionParser();
System.out.println(ep.parseExpression("'hello'.toUpperCase()").getValue());
```

　　关系操作符：支持使用标准的操作符号，即等于号、不等于号、小于号、小于等于号、大于号、大于等于号。

　　逻辑操作符：支持的逻辑操作符包括 and，or 和 not(!)，不支持&&和||。

　　算术操作符：加法运算符可用于数字、字符串和日期；减法可用于数字和日期；乘法和除法仅用于数字。

　　示例：

```
ExpressionParser ep = new SpelExpressionParser();
//关系操作符
System.out.println(ep.parseExpression("5>2").getValue());
System.out.println(ep.parseExpression("2 between {1,9}").getValue());
//逻辑运算符
System.out.println(ep.parseExpression("(5>2) and (2==1)").getValue());
//算术操作符
System.out.println(ep.parseExpression("100-2^2").getValue());
```

　　变量：可以在表达式中使用语法#"变量名"来引用。变量设置使用 StandardEvaluationContext

的方法 setVariable。

示例：

```
ExpressionParser ep= new SpelExpressionParser();
//创建上下文变量
EvaluationContext ctx = new StandardEvaluationContext();
ctx.setVariable("name", "Hello");
System.out.println(ep.parseExpression("#name").getValue(ctx));
```

赋值：属性可以通过使用赋值运算符设置，可以通过调用 setValue 设置，也可以在 getValue 方法中设置。通过"#varName=value"的形式可以给变量赋值。

示例：

```
ExpressionParser ep = new SpelExpressionParser();
EvaluationContext ctx = new StandardEvaluationContext();
System.out.println(ep.parseExpression("#name='Ryo'").getValue(ctx));
```

以上是常用的关于 SpEL 的用法，其他用法可以参考 Spring 3.X 帮助手册。

除了使用 Java 代码通过编程的方式引用解析器方式外，还可以通过配置方式，在配置文件中使用 SpEL 表达式。在 XML 进行配置的时候，SpEL 使用#{×××}作为定界符，所有大括号中的字符都将被认为是 SpEL，例如：

```
<!--普通字面量-->
<property name="count" value="#{5}"/>
<property name='name' value='#{"Chuck"}'/>
<property name="enabled" value="#{false}"/>
<!--算术运算-->
<property name="adjustedAmount" value="#{counter.total + 42}"/>
<property name="adjustedAmount" value="#{counter.total - 20}"/>
<!--比较运算-->
<property name="equal" value="#{counter.total == 100}"/>
<!--引用其他 bean-->
<bean id="mike" class="com.ssoft.User" p:name="Mike" />
<bean id="tom"
class="com.ssoft.User">
<property name="song" value="#{mike.name}" />
</bean>
<!--引用集合元素-->
<property name="chosenCity" value="#{cities[2]}"/>
<!--引用 map 元素-->
<property name="chosenCity" value="#{cities['Dallas']}"/>
<!--调用方法-->
<property name="song" value="songSelector.selectSong()"/>
```

第 4 章　Spring 安全机制

Spring Security 是 Spring 的一个子项目，它是一种基于 Spring AOP 和 Servlet 过滤器的安全框架。Spring Security 提供全面的安全访问控制解决方案，并在 Web 请求级和方法调用级处理身份确认和授权。在 Spring Framework 基础上，Spring Security 充分利用了依赖注入(DI，Dependency Injection)和面向切面技术。

4.1　Spring Security 基础

Spring Security 为基于 J2EE 企业应用软件的开发提供了全面的安全服务。J2EE 的安全性编程模型存在很多缺陷，例如在 J2EE Servlet 规范或 EJB 规范中找不到典型企业应用场景的解决方案等，正是因为这些缺陷迫使企业不得不寻求其他解决方案，而 Spring Security 则是安全模型的优秀解决方案之一。

4.1.1　简介

在使用 Spring Security 之前，先来了解下 Spring 中的安全概念。安全包括两个主要操作："身份认证"和"授权"(或权限控制)。这是 Spring Security 面向的两个主要方向。其中，"身份认证"的作用是指明用户是否为应用中的合法主体("主体"一般指用户、设备或系统中执行动作的其他系统)，比如：这个用户是谁？用户的身份可靠吗？"授权"的作用是指出用户能否在应用中执行某个操作，比如：某用户 A 是否可以访问资源 R，某用户 A 是否可以执行 M 操作。在到达授权判断之前，身份的主体已经由身份验证过程建立了。请注意这些概念是通用的，不是 Spring Security 特有的。在身份验证层面，Spring Security 广泛支持各种身份验证模式。这些验证模型绝大多数是由第三方或正在开发的有关标准机构提供的，例如 Internet Engineering Task Force。作为补充，Spring Security 也提供了一套自己的验证功能。

Spring Security 目前支持认证一体化和如下认证技术：HTTP BASIC authentication headers (一个基于 IEFT RFC 的标准)、HTTP Digest authentication headers (一个基于 IEFT RFC 的标准)、HTTP X.509 client certificate exchange (一个基于 IEFT RFC 的标准)、LDAP (一个非常常见的跨平台认证需要做法，特别是在大环境)、Form-based authentication (提供简单用户接口的需求)、OpenID authentication 基于预先建立的请求头进行认证(比如 Computer Associates Siteminder)、JA-SIG Central Authentication Service (也被称为 CAS，是一个流行的开源单点登录系统)、Transparent authentication context propagation for Remote Method Invocation (RMI) and HttpInvoker(Spring 远程调用协议)、Automatic "remember-me" authentication (可以设置一段时间，避免在某时段内重新验证)、Anonymous authentication (允许任何调用，自动假设一个特定的安全主体)、Run-as authentication、Java Authentication and Authorization Service (JAAS) JEE Container autentication、Kerberos Java Open Source Single Sign On (JOSSO)等。

Spring Security 不仅提供了认证功能，还提供了完备的授权功能。其中，授权相关知识主要涉及三个方面：① 授权 Web 请求；② 授权被调用方法；③ 授权访问单个对象的实例。

4.1.2　历史

Spring Security 的创立起始于 2003 年年底，起初叫"Spring 的 Acegi 安全系统"。最初有人向 Spring 开发者发邮件提问能否提供一个基于 Spring 的安全实现。彼时 Spring 的社区相对较小(尤其是和今天的规模相比)，而 Spring 本身也是从 2003 年初才作为一个 SourceForge 的项目出现的。对这个问题 Spring 的回应是，这的确是一个值得研究的领域，但由于时间限制该研究并没有继续下去。

直到 2005 年左右，Acegi 才成为 Spring 的官方子项目。经过在众多生产软件项目中的活跃使用以及不断完善，1.0.0 版本于 2006 年 5 月正式发布。2007 年底，Acegi 正式成为 Spring 的组合项目，并更名为"Spring Security"。

4.1.3　安装

在 Spring 社区地址找到 Spring Security 项目并下载，如图 4-1 所示。本书使用的是 Spring Security 3.1.3 版本。

图 4-1　Spring Security 下载页面

下载 zip 文件进行解压缩，该文件主要包含 dist 和 doc 两个目录，其中 dist 目录包含了 Spring Security 所有的源代码和运行需要的 jar 包，doc 目录则包含了 Spring Security 的 API 参考和帮助手册。

下面是 Spring Security 几个常用包的说明。

spring-security-core.jar：包含了核心认证、权限控制类和接口、远程支持和基本供应 API。使用 Spring Security 必须包括：支持单独运行的应用、远程客户端、方法(服务层)安全和 JDBC 用户供应。

spring-security-web.jar：包含过滤器和对应的 Web 安全架构代码。

spring-security-config.jar：包含安全命名控制解析代码，可使用 Spring Security XML 命名控制来进行配置。

spring-security-ldap.jar：LDAP 认证和实现代码，当使用 LDAP 认证或管理 LDAP 用户实体时为必须包含项。

spring-security-acl.jar：处理领域对象 ACL 实现，给特定的领域对象实例提供安全。

4.2　Spring Security 授权 Web 请求

在 Web 项目中，经常需要对 Web 应用的某些资源进行权限的访问和控制，即根据用户的角色来指定该角色可以访问的资源，本节将通过 Spring Security 实现此功能。

4.2.1　授权 Web 请求基础

本节将创建一个简单的 Web 项目，通过实例学习如何使用 Spring Security 实现基于 Web 项目的 URL 过滤。

首先，在 Eclipse 中创建一个 Web 项目。

创建完毕之后，同之前的 Spring 项目一样，创建用户自定义的 Spring Security 库，导入 Spring Security 所有的 jar 文件，在项目中导入用户自定义的 Spring Framework 和 Spring Security 库。

接下来，需要配置 web.xml 文件，让 Web 项目在启动同时也启动 Spring 容器。通过 Web 项目启动 Spring 容器需要以下两个步骤：

① 在 web.xml 中添加 ServletContext 监听器，采用如下配置：

```
<!-- 增加 spring 监听  -->
<listener>
<listener-class>org.springframework.web.context.ContextLoaderListener</listener-class>
</listener>
```

Spring 的 ContextLoaderListener 实际上实现了 ServletContext 接口，这样，启动整个 Web 项目的时候就可以通过 ContextLoaderListener 加载 Spring 的配置文件，达到启动 Spring 容器的目的。

② 配置监听器后，告知 Web 项目 Spring 配置文件的位置，代码如下：

```
<!-- 配置 spring 配置文件路径 -->
<context-param>
    <param-name>contextConfigLocation</param-name>
    <param-value>
        classpath:beans.xml
    </param-value>
</context-param>
```

然后需要在 Web 项目的 src 目录下创建 beans.xml 的 Spring 配置文件。当整个项目编译后就会在 Web 项目的 classes 目录中建立 beans.xml 文件。

此时就可以通过 Web 项目启动 Spring 容器了。为了让 Spring Security 能够管理 Web 项目的资源，还需要在 web.xml 中添加 DelegatingFilterProxy 过滤器。由于 Spring 的 DelegatingFilterProxy 提 供 了 web.xml 和 applicationcontext 之 间 的 联 系，所 以 DelegatingFilterProxy 的配置如下：

```
<!-- 配置 SpringSecurity 过滤器 -->
<filter>
    <filter-name>springSecurityFilterChain</filter-name>
    <filter-class>org.springframework.web.filter.DelegatingFilterProxy</filter-class>
</filter>
<filter-mapping>
    <filter-name>springSecurityFilterChain</filter-name>
    <url-pattern>/*</url-pattern>
</filter-mapping>
```

由于 DelegatingFilterProxy 的作用，所有的 Web 资源都会被 DelegatingFilterProxy 过滤器拦截，所以配置完 web.xml 之后还需要配置 beans.xml 文件，以便把 Spring Security 的相关功能通过 Spring 容器管理起来。为了能够管理 Spring Security，需要进行以下几个步骤的配置：

① 在 Spring 配置文件中添加 Spring Security 支持，代码如下：

```
<?xml version="1.0" encoding="UTF-8"?>
<beans xmlns="http://www.springframework.org/schema/beans"
        xmlns:xsi="http://www.w3.org/2001/XMLSchema-instance"
        xmlns:context="http://www.springframework.org/schema/context"
        xmlns:security="http://www.springframework.org/schema/security"
        xsi:schemaLocation="http://www.springframework.org/schema/beans
        http://www.springframework.org/schema/beans/spring-beans-3.0.xsd
        http://www.springframework.org/schema/context
http://www.springframework.org/schema/context/spring-context-3.0.xsd
        http://www.springframework.org/schema/security
        http://www.springframework.org/schema/security/spring-security-3.1.xsd">

</beans>
```

注意：粗体字部分表示添加了 Spring Security 支持。

② 配置 Spring Security。Spring Security 通过配置的方式对 Web 资源进行访问控制，例如：

```
<security:http auto-config="true">
    <security:intercept-url pattern="/**" access="ROLE_USER"/>
</security:http>
```

以上配置表示，应用程序中所有 URL 均受保护，只有拥有 ROLE_USER 角色的用户才能访问。其中，<http>元素是所有 Web 相关的命名空间功能的上级元素。<intercept- url>元素定义了 pattern，用于匹配传入请求 URL。access 使用默认配置，它通常是一个被逗号分隔的角色队列，其中前缀"ROLE_"表示用户应该拥有的权限。

例如通过以下方式可以配置用户角色：

```
<!-- 配置用户角色 -->
<security:authentication-manager>
    <security:authentication-provider>
      <security:user-service>
        <security:user name="admin" password="admin" authorities="ROLE_USER"/>
      </security:user-service>
    </security:authentication-provider>
</security:authentication-manager>
```

authentication-manager 标记用于注册 AuthenticationManager。AhthenticationManager 为各应用提供验证服务，在定义的时候 Spring Security 会创建一个 ProviderManager 实例。

通过<security:authentication-provider>标记能获取用户角色信息，该标记常用的子标记为<user-service>和<jdbc-user-service>，其中<user-service>常用静态 XML 文件或者属性文件来配置用户信息，而<jdbc-user-service>则常用 JDBC 访问数据库获取用户信息。

比如，示例代码粗体字部分就是用来配置用户和角色的。其中，用户可以是任意角色，它配置了一个名为 user、密码为 user 的用户，它的角色是 ROLE_USER，但也可以从 properties 文件中重新加载用户信息。

接下来任意创建一个页面，比如 index.jsp，该页面比较简单，具体代码如下：

```
<%@ page language="java" contentType="text/html;charset=UTF-8" pageEncoding="UTF-8"%>
<!DOCTYPE html PUBLIC "-//W3C//DTD HTML 4.01 Transitional//EN"
"http://www.w3.org/TR/html4/loose.dtd">
<html>
<head>
<meta http-equiv="Content-Type" content="text/html; charset=UTF-8">
<title>Insert title here</title>
</head>
<body style="text-align:center">
  <h1>Welcome To JSP!</h1>
</body>
</html>
```

部署成功之后，如果直接访问 index.jsp 就会发现无法访问，此时出现如图 4-2 所示的用户认证窗口，该登录认证窗口由 Spring Security 框架自动产生，只有输入用户名 admin 和密码 admin 之后才会出现 index.jsp，因为 Spring Securiy 对所有资源进行了拦截，只有拥有访问权限的用户才能进行访问。

图 4-2　用户认证窗口

4.2.2　进阶一：自定义登录首页及用户角色

实际工作中常出现以下状况：

(1) 登录验证页面需要自己编写，并且不是所有资源都要经过验证，比如登录页面。

(2) 如果直接把用户名和密码写在配置文件中，则既不安全又不太灵活，所以通常将它们放在数据库中。

此处通过示例说明。本例涉及 5 个页面，分别是 login.jsp、index.jsp、denied.jsp、other.jsp 和 admin.jsp。如果用户直接访问除 login.jsp 以外的页面，则会跳转至用户登录页面，如图 4-3 所示。

输入正确的用户名和密码后，跳转到如图 4-4 所示的首页面。

图 4-3　登录页面　　　　　　　　　　　　　图 4-4　首页面

首页面中，如果是普通用户登录，则点击"其他页面"转跳至其他页面(如图 4-5 所示)，否则会跳转到无权限页面(如图 4-6 所示)；如果是 admin 用户登录，则点击"管理页面"转跳至管理页面(如图 4-7 所示)。

图 4-5　其他页面

图 4-6　无权限页面　　　　　　　　　　　　图 4-7　管理页面

　　除了登录页面比较特殊外，其他实现都比较简单，此处不再赘述，本节只讨论如何通过 Spring Security 的相关配置控制这 5 个页面的访问权限。

　　本例中，需要用登录验证页面换掉 Spring Security 验证页面，代码如下：

```
<body style='text-align:center'>
<h2>用户登录</h2>
    <form method="post" action="j_spring_security_check" method="post">
        用户名：<input type="text" name="j_username"/><br/>
        密码：<input type="password" name="j_password"/><br/>
        <input type="submit" value="提交"/>
    </form>
</body>
```

　　需要注意的是，在替换 Spring Security 缺省的登录页面中，表单 action 需要指定成 j_spring_security_check，用户名和密码组件的名称也需要分别指定成 j_username 和 j_password。

　　下面，来看看如何配置文件。

　　根据本例的需要，首先，login.jsp 不需要进行验证，对于不需要验证的页面可采用以下配置：

```
<security:http pattern="/login.jsp" security="none"/>
```

　　其次，可以通过以下配置来指定自己定义的登录页面：

```
<security:form-login login-page="/login.jsp"
default-target-url="/index.jsp" always-use-default-target="true" />
```

其中，login-page 指定登录的页面，default-target-url 指定登录成功后访问的页面，always-use-default-target 强制把 default-target-url 指定为登录成功后访问的页面。

　　可以让用户自己定义无权限访问的出错页面，在 <security:http> 标记中添加 access-denied-page 即可指定，比如以下配置指定了无权限访问的出错页面为 denied.jsp：

```
<security:http auto-config="true" access-denied-page="/denied.jsp">
```

　　对于只有管理员才能访问的资源，可以再另外定义一个角色，比如 ROLE_ADMIN，具体配置如下：

```
<security:intercept-url pattern="/admin.jsp" access="ROLE_ADMIN"/>
```

　　最终，整个 Spring 中的配置文件如下：

```
<!--指定登录页面不用验证-->
<security:http pattern="/login.jsp" security="none"/>
<security:http auto-config="true" access-denied-page="/denied.jsp">
    <!-- 指定登录页面 -->
    <security:form-login login-page="/login.jsp" />
    <!-- 设置拦截地址 -->
    <security:intercept-url pattern="/admin.jsp" access="ROLE_ADMIN"/>
    <security:intercept-url pattern="/**" access="ROLE_USER"/>
</security:http>
```

```
<!-- 配置用户角色 -->
<security:authentication-manager>
    <security:authentication-provider>
        <security:user-service>
            <security:user name="admin" password="admin" authorities="ROLE_ADMIN"/>
            <security:user name="tom" password="tom" authorities="ROLE_USER"/>
        </security:user-service>
    </security:authentication-provider>
</security:authentication-manager>
```

配置完毕之后，就可以体会到 Spring Security 的强大功能。

以上配置用户的信息均写在 XML 文件中，但实际应用中，用户信息需保存在数据库中，Spring Security 提供了通过数据库访问用户信息的方式，下面以 MSSqlServer 为例，看看如何通过数据库配置用户信息。

首先，需要创建 3 张表，分别如下：

```
--用户表
create table users(
    username varchar(50) not null primary key,
    password varchar(50) not null,
    enabled int not null
)
--角色表
create table roles(
    rolename varchar(50) not null primary key
)
--用户角色表
create table auth(
    id int identity not null primary key,
    username varchar(50),
    rolename varchar(50)
)
```

同时添加演示数据，具体如下：

```
INSERT INTO users VALUES ('admin','admin',1);
INSERT INTO users VALUES('tom','tom',1);

INSERT INTO roles VALUES ('ROLE_ADMIN');
INSERT INTO roles VALUES ('ROLE_USER');

INSERT INTO auth   VALUES ('admin','ROLE_ADMIN');
INSERT INTO auth   VALUES ('admin','ROLE_USER');
```

```
INSERT INTO auth    VALUES ('tom','ROLE_USER');
```

之后需要在 Spring 配置中配置数据源信息，代码如下：

```
<bean id="ds" class="org.springframework.jdbc.datasource.DriverManagerDataSource">
    <property name="driverClassName" value="com.microsoft.sqlserver.jdbc. SQLServerDriver"/>
    <property name="url" value="jdbc:sqlserver://localhost:1433;DatabaseName=secdb"/>
    <property name="username" value="sa"/>
    <property name="password" value="system"/>
</bean>
```

此外，在 Spring Security 中关于 authentication-manager 的配置需要进行如下更改：

```
<security:authentication-manager>
    <security:authentication-provider>
     <security:jdbc-user-service data-source-ref="ds"
     users-by-username-query="select username,password,enabled as status from users where
username=? and enabled = 1"
        authorities-by-username-query="select a.username,rolename from users a,auth b where
a.username = b.username and a.username=? and a.enabled = 1"/>
    </security:authentication-provider>
</security:authentication-manager>
```

此时，<security:authentication-provider>的子标记使用了<security:jdbc-user-service>标记，表示需要使用数据库获取用户的基本信息，并通过 data-source-ref 指定需要访问的数据源。

users-by-username-query 属性表示需要指定 sql 语句获取用户信息，用户登录时，系统需要判断用户的有效性，即当前用户是否被禁用，所以，可以指定 users-by-username-query 语句为：select username,password,enabled as status from users where username=? and enabled = 1。

authorities-by-username-query 属性表示需要指定 sql 语句获取用户的角色信息，用户登录以后，系统需要获取该用户的所有访问权限，并根据用户的权限判断哪些资源可以被用户访问，所以，可以指定 users-by-username-query 语句为：select a.username,rolename from users a,auth b where a.username = b.username and a.username=? and a.enabled = 1"。

通过以上定义之后，可以把用户和角色数据保存在数据库中，并能自己定义登录页面。为了满足更多需求，比如，企业系统通常需要根据业务需求定义不同用户的访问权限，需要把用户访问 URL 的权限也放在数据库中进行定义，因为在前例中把用户访问 URL 的权限放在 XML 配置文件中的方式在使用过程中不太灵活，所以下面来看看如何实现自定义权限。

4.2.3　进阶二：自定义用户权限

除了之前的角色信息外，需要把用户权限存储在数据库中，为此，需建立如下两张表：

```
--权限表，保存需要访问的 URL 资源
CREATE TABLE permission (
```

```
        pid int identity primary key,
        name varchar(255),
        url varchar(255) default NULL,
        remark varchar(255)
)
--定义角色权限表，保存角色可以访问的所有资源
create table role_permission
(
        rpid int identity primary key,
        rname varchar(50),
        pid int
)
```

权限表保存了所有需要通过权限访问的 URL 地址，而定义角色权限表则保存了角色能够访问的所有资源。当表建立之后，插入如下演示数据：

```
insert into permission values('管理页面','/admin.jsp','管理页面');
insert into permission values('首页面','/index.jsp','首页面');
insert into permission values('其他页面','/other.jsp','其他页面');
insert into role_permission values('ROLE_ADMIN',1)
insert into role_permission values('ROLE_USER',2)
insert into role_permission values('ROLE_USER',3)
```

以上数据库的数据表示 ROLE_ADMIN 角色可以访问管理页面，ROLE_USER 角色可以访问首页面以及其他页面。

创建好表之后，4.2.2 中的 Spring Security 需要进行如下配置：

① 关于页面拦截的配置需要进行如下变更：

```
<!-- 配置权限 -->
<!--指定登录页面不用验证-->
<security:http pattern="/login.jsp" security="none"/>
<security:http auto-config="true" access-denied-page="/denied.jsp">
  <!-- 指定登录页面 -->
  <security:form-login login-page="/login.jsp"
default-target-url="/index.jsp" always-use-default-target="true" />
    <security:custom-filter ref="myFilter" before="FILTER_SECURITY_INTERCEPTOR"/>
</security:http>
```

注意粗体字部分，为了能够实现自定义权限，必须要实现一个自定义的 Filter，该 Filter 必须是 org.springframework.security.access.intercept.AbstractSecurityInterceptor 的子类，同时要实现 Filter 接口。该 Filter 会在 Spring Security 内置的 Filter 之前拦截用户的请求。

② 对于 Spring Security 的权限设置部分进行如下修改：

```
<bean id="userDetail" class="com.ssoft.secdemo.MyUserDetail" p:udao-ref="uDAO" />
<!-- 实现了 UserDetailsService 的 Bean -->
```

```
<security:authentication-manager alias="myAuthenticationManager">
    <security:authentication-provider user-service-ref="userDetail" />
</security:authentication-manager>
```

之前的\<security:authentication-provider\>使用 JDBC 的方式提供,而此处需要使用通过 user-service-ref 属性指定一个用户自定义的类,该类必须是 org.springframework.security. core.userdetails.UserDetailsService 的子类。

除了设定\<security:authentication-provider\>之外,前面说了,必须要实现一个 Filter,这个 Filter 必须要完成几个功能,分别是获取资源和权限对应关系、获取用户权限,以及判定某个用户是否拥有对某个资源的权限。为了完成这三个功能,必须在 Filter 中分别注入实现这三个功能的类的实例,以下是 Filter 的具体配置:

```
<!-- 配置过滤器 -->
<bean id="myFilter" class="com.ssoft.secdemo.MyFilter">
<!-- 用户拥有的权限 -->
<property name="authenticationManager" ref="myAuthenticationManager" />
<!-- 用户是否拥有所请求资源的权限 -->
<property name="accessDecisionManager" ref="myMan" />
<!-- 资源与权限对应关系 -->
<property name="securityMetadataSource" ref="mySecMetaDS" />
</bean>
```

以下是三个类的具体配置:

```
<bean id="mySecMetaDS" class="com.ssoft.secdemo.MySecurityMetadataSource">
    <constructor-arg name="dao" ref="pDAO"/>
</bean>
<bean id="myMan" class="com.ssoft.secdemo.MyAccessDecisionManager" />
```

接下来是 MySecurityMetadataSource、MyAccessDecisionManager 和 MyUserDetail 的实现。

首先是 MySecurityMetadataSource 的实现。该类的主要作用是完成从数据库中获取资源和权限的对应关系,该类需要实现 org.springframework.security.web.access.intercept. FilterInvocationSecurityMetadataSource 接口,代码如下:

```
public class MySecurityMetadataSource implements FilterInvocationSecurityMetadataSource {
    PermissionDAO dao ;
    Map<String,Collection<ConfigAttribute>> map = new
    HashMap<String,Collection<ConfigAttribute>>();
    public PermissionDAO getDao()
    {
        return dao;
    }

    public void setDao(PermissionDAO dao)
```

```
{
    this.dao = dao;
}
public MySecurityMetadataSource(PermissionDAO dao)
{
    this.dao   = dao;
    loadPermission();
}
//获取权限资源
public void loadPermission()
{
    List<Object[]> pm = dao.findAll();
    Map<String,Collection<ConfigAttribute>> mp = new
    HashMap<String,Collection<ConfigAttribute>>();
    for(Object[] m:pm)
    {
        Collection<ConfigAttribute> c = mp.get(m[1]);
        if(c==null)
        {
            c = new ArrayList<ConfigAttribute>();
        }
        c.add(new SecurityConfig((String)m[0]));
        mp.put((String)m[1],c);
    }
    //设置用户权限
    for(String k:mp.keySet())
    {
        map.put(k, mp.get(k));
    }
}
//返回某个资源对应的所有角色
public Collection<ConfigAttribute> getAttributes(Object object)
        throws IllegalArgumentException
{
    String requestUrl = ((FilterInvocation) object).getRequestUrl();
    System.out.println("requestUrl is " + requestUrl);
    return map.get(requestUrl);
}
```

```
public Collection<ConfigAttribute> getAllConfigAttributes()
{
    return null;
}

public boolean supports(Class<?> clazz)
{
    return true;
}
}
```

该类中有个非常重要的方法 getAttributes()，该方法要求返回给定资源对应的所有角色的集合。可以从 getAttributes()的输入参数获取当前正访问的 URL。

接着是 MyAccessDecisionManager 的实现。该类的主要作用是判定用户是否拥有所请求资源的权限，该类需要实现 org.springframework.security.access.AccessDecisionManager 接口，代码如下：

```
public class MyAccessDecisionManager implements AccessDecisionManager {
    public void decide(Authentication authentication, Object object,
            Collection<ConfigAttribute> configAttributes)
            throws AccessDeniedException, InsufficientAuthenticationException
    {
        if (configAttributes == null)
        {
            return;
        }
        // 所请求资源拥有的权限(一个资源对多个权限)
        Iterator<ConfigAttribute> iterator = configAttributes.iterator();

        while (iterator.hasNext())
        {
            ConfigAttribute configAttribute = iterator.next();
            // 访问请求资源所需要的权限
            String needPermission = configAttribute.getAttribute();
            System.out.println("needPermission is " + needPermission);
            // 用户所拥有的权限 authentication
            for (GrantedAuthority ga : authentication.getAuthorities())
            {
                if (needPermission.equals(ga.getAuthority()))
                {
                    return;
```

```
                }
            }
        }
        // 没有权限
        throw new AccessDeniedException(" 没有权限访问！  ");
    }
    public boolean supports(ConfigAttribute attribute)
    {
        return true;
    }

    public boolean supports(Class<?> clazz)
    {
        return true;
    }
}
```

该类中有一个主要的方法 decide，这个方法可以判定用户对某一资源是否具有权限，如果用户不具有某一权限，则必须抛出 AccessDeniedException 异常。

然后是 MyUserDetail 的实现。该类的主要作用是从数据库中获取用户信息，该类需要实现 org.springframework.security.core.userdetails.UserDetailsService 接口，代码如下：

```
public class MyUserDetail implements UserDetailsService    {
    UserDAO udao ;
    public UserDAO getUdao()
    {
        return udao;
    }
    public void setUdao(UserDAO udao)
    {
        this.udao = udao;
    }
    public UserDetails loadUserByUsername(String username)
            throws UsernameNotFoundException
    {
        User u = udao.findByName(username);
        //设置用户权限
        setPermission(u);
        // TODO Auto-generated method stub
        return u;
    }
```

```
//取得用户的角色
private    void setPermission(User user) {
    List<GrantedAuthority> permiss = new ArrayList<GrantedAuthority>();
    List<String> roles = udao.getRoles(user.getUsername());
    for(String s:roles)
    {
        permiss.add(new SimpleGrantedAuthority(s));
    }
    user.setPermission(permiss);
    }
}
```

该类要求实现 loadUserByUsername 方法。loadUserByUsername 方法要求根据用户名称返回一个 UserDetails 对象，而 UserDetails 是 SpringSecurity 框架指定的用户信息接口。我们可以自己实现这个简单的接口，返回用户基本信息。在该接口中，必须设定用户的角色。

以下是 MyFilter 类的具体实现：

```
public class MyFilter extends AbstractSecurityInterceptor implements Filter
{
    // 与 beans1.xml 中 MyFilter 的属性 securityMetadataSource 对应
    private FilterInvocationSecurityMetadataSource securityMetadataSource;
    public MyFilter()
    {
    }

    public FilterInvocationSecurityMetadataSource getSecurityMetadataSource()
    {
        return securityMetadataSource;
    }

    public void setSecurityMetadataSource(
        FilterInvocationSecurityMetadataSource securityMetadataSource)
    {
        this.securityMetadataSource = securityMetadataSource;
    }

    /**
    * @see Filter#destroy()
    */
    public void destroy()
```

```
    {
    // TODO Auto-generated method stub
    }
    public void doFilter(ServletRequest request, ServletResponse response,
        FilterChain chain) throws IOException, ServletException
    {
        FilterInvocation fi = new FilterInvocation(request, response, chain);
        invoke(fi);
    }

    public void invoke(FilterInvocation fi) throws IOException,
        ServletException
    {
        //父类 beforeInvocation 方法中会访问 SecurityMetadataSource 获取权限
        InterceptorStatusToken token = super.beforeInvocation(fi);
        try
        {
            fi.getChain().doFilter(fi.getRequest(), fi.getResponse());
        } finally
        {
            super.afterInvocation(token, null);
        }
    }
    public void init(FilterConfig fConfig) throws ServletException
    {
    }
    public Class<?> getSecureObjectClass()
    {
        return FilterInvocation.class;
    }
    public SecurityMetadataSource obtainSecurityMetadataSource()
    {
        // TODO Auto-generated method stub
        return securityMetadataSource;
    }
}
```

该 Filter 类的 doFilter 方法中需要创建一个 FilterInvocation 对象，然后通过 Filter 的 beforeInvocation 方法来验证用户的请求权限并决定是否把请求传递给过滤链中的下一个过滤器执行过滤。

完成以上几个类的实现，基本就实现了用户在数据库中的自定义权限。

以下是整个 XML 的配置：

```xml
<?xml version="1.0" encoding="UTF-8"?>
<beans xmlns="http://www.springframework.org/schema/beans"
        xmlns:xsi="http://www.w3.org/2001/XMLSchema-instance"
        xmlns:context="http://www.springframework.org/schema/context"
        xmlns:aop="http://www.springframework.org/schema/aop"
        xmlns:security="http://www.springframework.org/schema/security"
        xmlns:p="http://www.springframework.org/schema/p"
        xsi:schemaLocation="http://www.springframework.org/schema/beans

http://www.springframework.org/schema/beans/spring-beans-3.0.xsd
        http://www.springframework.org/schema/context

http://www.springframework.org/schema/context/spring-context-3.0.xsd
        http://www.springframework.org/schema/aop
        http://www.springframework.org/schema/aop/spring-aop-3.0.xsd
        http://www.springframework.org/schema/security

http://www.springframework.org/schema/security/spring-security-3.1.xsd">
    <!--配置数据源 -->
  <bean id="ds" class="org.springframework.jdbc.datasource.DriverManagerDataSource">
  <property name="driverClassName" value="com.microsoft.sqlserver.jdbc. SQLServerDriver"/>
  <property name="url" value="jdbc:sqlserver://localhost:1433;DatabaseName=secdb"/>
  <property name="username" value="sa"/>
  <property name="password" value="system"/>
  </bean>
<!--配置 JdbcTemplate -->
<bean id="jdbcTemplate"
class="org.springframework.jdbc.core.JdbcTemplate" p:dataSource-ref="ds" />
<!--配置 DAO -->
<bean     id="pDAO"     class="com.ssoft.secdemo.dao.PermissionDAO"     p:jdbcTemplate-ref="
jdbcTemplate" />
  <bean id="uDAO" class="com.ssoft.secdemo.dao.UserDAO" p:jdbcTemplate-ref=" jdbcTemplate" />
  <bean id="userDetail" class="com.ssoft.secdemo.MyUserDetail" p:udao-ref="uDAO" />
  <bean id="mySecMetaDS" class="com.ssoft.secdemo.MySecurityMetadataSource">
<constructor-arg name="dao" ref="pDAO"/>
</bean>
<bean id="myMan" class="com.ssoft.secdemo.MyAccessDecisionManager" />
```

```
<!-- 配置权限 -->
<!--指定登录页面不用验证-->
<security:http pattern="/login.jsp" security="none"/>
<security:http auto-config="true" access-denied-page="/denied.jsp">
<!-- 指定登录页面 -->
<security:form-login login-page="/login.jsp"
default-target-url="/index.jsp" always-use-default-target="true" />
<security:custom-filter ref="myFilter"    before="FILTER_SECURITY_INTERCEPTOR"/>
 </security:http>
 <!-- 配置过滤器 -->
 <bean id="myFilter" class="com.ssoft.secdemo.MyFilter">
 <!-- 用户拥有的权限 -->
   <property name="authenticationManager" ref="myAuthenticationManager" />
   <!-- 用户是否拥有所请求资源的权限 -->
   <property name="accessDecisionManager" ref="myMan" />
   <!-- 资源与权限对应关系 -->
   <property name="securityMetadataSource" ref="mySecMetaDS" />
 </bean>
 <!-- 实现了 UserDetailsService 的 Bean -->
 <security:authentication-manager alias="myAuthenticationManager">
  <security:authentication-provider user-service-ref="userDetail" />
 </security:authentication-manager>
 </beans>
```

　　本小节介绍了 Spring Security 在 Web 项目中的基本使用方法，实际上 Spring Security 的安全验证功能不仅限于此，关于其他的功能，可以参考 Spring Security 的详细参考手册。

第 5 章　Struts 2 基础

2001 年初，Struts 的第一个版本在 Apache 网站上发布，为开发者提供了一种分离视图和业务应用逻辑的 Web 应用方案。

在 Struts 诞生之前，开发人员都是在 JSP 里写入处理业务逻辑的 Java 代码的，尤其是涉及数据库和页面 Form 表单数据之间交互的时候，开发人员在每个页面都要写入类似连接数据库的 Java 代码，导致了大量的代码冗余，而且每个页面显示速度和性能都不是很好，这是因为页面中存储数据的 Java 对象都需要从内存中读取，这势必会影响系统性能。所以 Struts 的 Web 应用方案一出现，便成为把开发人员从繁重的开发工作中解放出来的利器，大量为企业做 Web 应用系统的 IT 公司在项目架构中都采取 Struts 作为开发中必须使用的框架。

5.1　了解 Struts 2

5.1.1　Struts 2 发展史

Struts 最早是 Apache Jakarta 项目的一个组成部分，创立者希望通过对该项目的研究，优化 JavaServer Pages、Servlet、标签库以及面向对象的技术。其目的是为了减少运用 MVC 设计模型来开发 Web 时所用的时间。

如果想混合使用 Servlets 和 JSP 来建立可扩展的应用，那么 Struts 是一个不错的选择。随着 JSP 与 Servlet 技术在以 Web 为基础的应用程序中被广泛应用，Java 开发人员认为应以较佳的模式来提升 Web 应用程序的可维护性与重复使用性。早期 JSP 规格书中曾列举了两种可行的 JSP 应用架构，分别为 Model 1 与 Model 2。

图 5-1 显示了 Model 1 的程序流程。

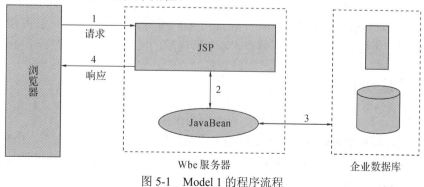

图 5-1　Model 1 的程序流程

在 Model 1 架构中，JSP 直接处理 Web 浏览器送来的请求，并辅以 JavaBean 处理应用相关逻辑。单纯编写 Model 1 架构比较容易，但在 Model 1 中 JSP 可能同时肩负 View 与 Controller 角色，若这两类程序代码混杂则不易进行维护。

早期由大量 JSP 页面所开发出来的 Web 应用，大都采用了 Model 1 架构。Model 2 是基于 MVC 架构的设计模式。在 Model 2 架构中，前端控制器 Servlet 负责接收客户端发送的请求(在 Servlet 中只包含控制逻辑和简单的前端处理)，后端 JavaBean 完成实际的逻辑处理，JSP 页面处理显示逻辑。Model 2 的程序流程如图 5-2 所示。

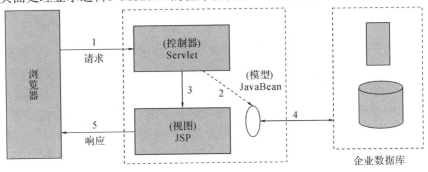

图 5-2   Model 2 的程序流程

如图 5-2 所示，Model 2 中 JSP 不再承担控制器的责任，它仅为表现层角色，负责将结果呈现给客户，JSP 页面的请求与 Servlet(控制器)交互，而 Servlet 负责与后台的 JavaBean 通信。在 Model 2 模式下，模型(Model)由 Javabean 充当，视图(View)由 JSP 页面充当，而控制器(Controller)则由 Servlet 充当。

开发者也把 Model 2 模式称为"MVC"模式。由于 MVC 模式的提出，彻底解决了 Model 1 模式的缺点，很多开发人员开始使用这种模式来解决他们实际工作中遇到的各种各样的 Web 项目开发问题。正是在这样一个大背景下，第一个运用了 MVC 模式，且使用人数最多的 Web 项目开发框架——Struts 诞生了。

随着技术发展，越来越多的开发员在使用 Struts 框架的过程中，发现 Struts 在设计上面存在严重不足。与此同时一个来自 Opensymphony 开源组织的框架 Webwork 2 出现了，它以优秀的设计思想和灵活的实现吸引了大批的 Web 开发者。

2005 年 12 月 14 日，Opensymphony 开源组织与 Apache 社区宣布 Struts 项目和 Webwork 2 项目合并，并联合推出 Struts 2，意在将其打造成下一代 Web 层的开发框架。

在技术上 Webwork 2 的设计比 Struts 1.X 要好很多，所以合并后的 Struts 2 项目完全采用 Webwork 2 项目代码为基础，摒弃了 String 1.X 的所有设计和代码。可以说 Struts 2.X 来自 Webwork 2，并且与 Struts 1.X 不兼容。本书所讲解的内容，全部都是针对 Struts 2.X 的。

5.1.2   什么是 Struts 2

Struts 2 是一种基于 MVC 的轻量级 Web 应用框架。

所谓框架，就是能完成一定基础功能的半成品软件。在没有框架的时候，所有工作都要从零做起；有了框架之后，它为开发提供了一定的基础功能，大大提高了开发的效率和质量。

Struts 2 具有以下特征：

1. Web 应用框架

Struts 2 的应用范围是 Web 应用。Struts 2 更注重将 Web 应用领域的日常工作和常见问题抽象化，为用户提供一个平台，让用户能基于这个平台快速地完成 Web 应用开发。

Struts 2 是 Web 应用框架，也就是说 Struts 2 的运行环境是 Web 容器。运行于 Web 容器中的程序必须遵循基本的开发标准和规范：Servlet 标准和 JSP 标准等。Java 中，不同的 Web 服务器对于 Servlet 标准和 JSP 标准要求的版本是不同的。对于 Struts 2 而言，它支持的 Servlet 标准最低版本是 2.4，相应的 JSP 标准的最低版本是 2.0。这样来讲对使用 Struts 2 作为开发框架的应用程序其运行环境必须在 JDK 1.5 版本以上。

2. 轻量级

轻量级是相对于重量级而言的，指的是 Struts 2 在运行的时候，对 Web 服务器的资源消耗较少，比如 CPU、内存等，但是运行速度相对较快。

3. 基于 MVC

Struts 2 着力于在 MVC 的各个部分为用户提供相应的帮助。

Struts 2 MVC 结构如图 5-3 所示。

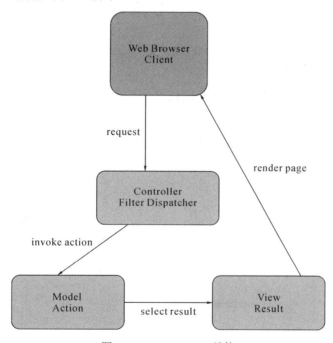

图 5-3 Struts 2 MVC 结构

图 5-3 所示结构很好地实现了 MVC 的开发模式。

- **Controller——FilterDispatcher。**

用户请求首先到达前端控制器 FilterDispatcher。FilterDispatcher 根据用户提交的 URL 和 struts.xml 中的配置选择合适的动作(Action)，并让 Action 来处理用户的请求。

FilterDispatcher 是一个过滤器(Filter，Servlet 规范中的一种 Web 组件)，它是 Struts 2 核心包里已经做好的类，不需要再次开发，只需在项目的 web.xml 中配置一下即可。FilterDispatcher 体现了 J2EE 核心设计模式中的前端控制器模式。

- **Model——Action。**

在用户请求经过 FilterDispatcher 之后，被分配到了合适的动作 Action 对象。Action 负责把用户请求中的参数组装成合适的数据模型，并调用相应的业务逻辑进行真正的功能处理，然后获取下一个视图展示所需要的数据。

Struts 2 的 Action 优于其他 Web 框架的动作处理之处在于，Struts 2 的 Action 实现了与 Servlet API 的解耦，使得 Action 中不需要直接引用和使用 HttpServletRequest 与 HttpServletResponse 等接口。从而让 Action 的单元测试更加简单，而且强大的类型转换也使得我们少做了很多重复的工作。

- **View——Result。**

所谓视图结果，就是把动作中获取到的数据展现给用户。在 Struts 2 中，多种优秀的结果展示方式正是其吸引人的特性之一，既有常规的 jsp，又有模板 freemarker、velocity，还有各种其他专业的展示方式，如图表 jfreechart、报表 JasperReports、将 XML 转化为 HTML 的 XSLT，等等。而且，各种视图结果在同一个项目里面还可以混合出现。

5.2　Struts 2 体系结构

5.2.1　Struts 2 请求流程

Struts 2 中用户提交请求的流程如图 5-4 所示。

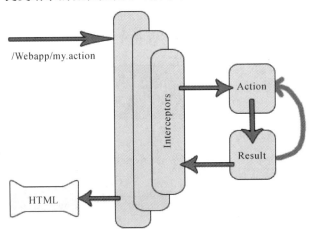

图 5-4　Struts 2 请求流程

(1) 用户发送请求：用户为访问资源向服务器发送请求。

(2) FilterDispatcher 决定适当的 Action：FilterDispatcher 接受请求并决定调用适当的 Action。

(3) 调用拦截器：调用拦截器并执行。

(4) 执行 Action：Action 将调用存储数据、检索数据等与数据库有关的操作。

(5) 呈递输出：结果呈递到输出。

(6) 返回请求：请求通过拦截器按照相反的顺序返回。

(7) 向用户展示结果。

5.2.2　Struts 2 框架结构

Struts 2 框架具有简洁性，它拥有易扩展的前端控制器。对于模型层来说，Struts 2 可以使用任何数据访问技术，如 JDBC、EJB、Hibernate 等。对于视图层来说，Struts 2 可以与 JSP、JTL、JSF、Jakarta Velocity Engine、Templates、PDF、XSLT 等整合。Struts 2 还可以对异常进行拦截处理。

图 5-5 描述了 Struts 2 框架的结构，图中含有 4 种不同颜色的图形，它们分别表示了 Struts 2 的 4 个组成部分。

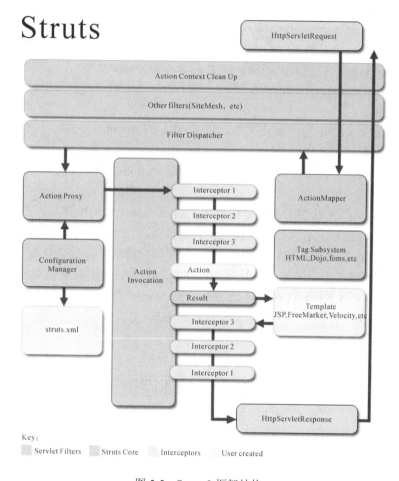

图 5-5　Struts 2 框架结构

(1) 橙色(Servlet Filters)：过滤器链，所有的请求都要经过 Filter 链的处理。

(2) 浅蓝色(Struts Core)：Struts 2 的核心部分，它是 Struts 2 框架中已经实现的部分，在实际开发中一般不会改动它们。

(3) 浅绿色(Interceptors)：Struts 2 的拦截器。Struts 2 提供了很多默认的拦截器，这些拦截器可以完成日常开发中的绝大部分工作。我们也可以自定义拦截器，用来实现具体业务中需要的功能。

(4) 浅黄色(User Created)：由开发人员创建，包括 struts.xml、Action、Template 等，需要开发人员进行编写。

5.2.3　Struts 2 组成介绍

Struts 2 框架中每部分的作用如下：

FilterDispatcher：整个 Struts 2 的调度中心，它会根据 ActionMapper 的结果来决定是否处理请求，如果 ActionMapper 指出 URL 应该被 Struts 2 处理，那么它将执行 Action 处理，并停止过滤器链上还没有执行的过滤器。

ActionMapper：提供了 HTTP 请求与 Action 执行之间的映射，简单地讲，ActionMapper 会判断当前请求是否应该被 Struts 2 处理，如果需要 Struts 2 处理，那么 ActionMapper 会返回一个对象来描述请求所对应的 ActionInvocation 信息。

ActionProxy：一个特别的中间层，位于 Action 和 xwork 之间。

ConfigurationManager：xwork 配置的管理中心，通俗地讲，它可以看作是 struts.xml 在内存中的对应。

struts.xml：Struts 2 的应用配置文件，负责 URL 与 Action 之间映射的配置、执行后页面跳转的 Result 配置等工作。

ActionInvocation：调用并执行 Action。它拥有 Action 实例和这个 Action 依赖的拦截器实例。

Interceptor：一些无状态的类，可以自动拦截 Action，它们给开发者提供了在 Action 运行之前或 Result 运行之后执行某些功能代码的机会。

Action：Struts 2 中的动作执行单元，它能处理用户请求，并封装业务所需要的数据。

Result：不同视图类型的抽象封装模型。注意，不同的视图类型会对应不同的 Result 实现。Struts 2 中支持多种视图类型，如 JSP、FreeMarker 等。

Templates：各种视图类型的页面模板，例如 JSP。

Tag Subsystem：Struts 2 的标签库。

5.3　Struts 2 项目资源

5.3.1　Struts 2 相关资源下载

在 Struts 的官方网站(http://struts.apache.org)中可以找到 Struts 项目的相关资源信息。由于历史原因，Struts 项目分为两个不兼容的版本：Struts 1.X 和 Struts 2.X，通常把 Struts 1.X 的版本称为 Struts，Struts 2.X 版本称为 Struts 2。本书介绍的内容都是围绕 Struts 2.X 进行的。

在左侧的"Documentation"的分类导航子菜单中，找到 Struts 2 某一版本的链接，本书选用 Struts 2.3.4.1(GA)版本，点击链接后就会进入到 Struts 2 相应版本的主页，其中可以找到 Struts 2 的下载链接(一个蓝色的"Download Now"按钮)，如图 5-6 所示。

图 5-6　Struts 2.3.4.1 主页

点击"Download Now"按钮进入下载页面，其中包含各种类型资源的下载包，如图 5-7 所示。

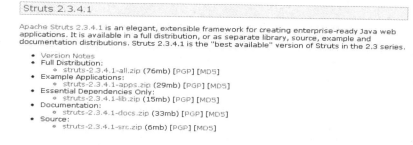

图 5-7　Struts 2 下载资源页面

此时点击 struts-2.3.4.1-all.zip 就能获得 Struts 2 项目的所有资源。除了 struts-2.3.4.1-all.zip 下载链接外，还有 4 个下载链接，分别是 Struts 2 的实例项目、基础依赖类库、文档资源和源码下载，它们是 Struts 2 项目资源的分发包。

5.3.2　Struts 2 项目的目录结构

下载 struts-2.3.4.1-all.zip 后将其解压，可以得到 struts 2 的所有资源，如图 5-8 所示(此后书中提到的 Struts 2 项目下载资料，均指 struts-2.3.4.1-all.zip 的解压目录，不再重复)。

图 5-8　Struts 2 项目资源

Struts 2 项目的目录结构中包含有 4 个子目录："apps""docs""lib" 和 "src"。对这 4 个子目录的介绍如下：

apps：存放了所有 Struts 2 的示例项目。位于 apps 目录下面的文件都是已经编译打包好的 war 包文件，它们可以直接部署到 Web 服务器中直接运行 Web 应用。apps 中的示例项目可以起到指导 Struts 2 学习的作用。

docs：存放了所有 Struts 2 的文档。与 Struts 2 有关的以网页形式展现的文档均存放在 docs 目录中。

lib：存放了所有 Struts 2 的依赖库。Struts 2 运行所需的 jar 文件都存放在 lib 目录下。

src：存放了所有 Struts 2 的源码。Struts 2 项目是根据 Maven 指定的项目目录结构进行编写的，所以 src 目录的组织结构和 Maven 项目规定的目录结构是一样的。

5.4　如何学习 Struts 2

学习 Struts 2 最好的方法，就是通过 Struts 2 项目提供的文档资料结合 Struts 2 项目的源代码进行学习。原因有以下两点：

(1) 权威性。Struts 2 项目包含的文档资料大多出自开源框架的作者或者开发人员之手，他们比任何人都了解自己的产品，具有较高的权威性。

(2) 正确性。官方文档资料的正确性较高，且文档中推荐了许多最佳实践，更方便学习、使用。

Struts 2 是一个开源项目，通过直接阅读项目源代码可以深入了解项目的设计构造，提高自身编写代码的能力。

5.5　Struts 2 项目开发

5.5.1　简单示例

本节以一个简单的 "Hello World" 应用程序，来展示 Struts 2 项目搭建。

1. 添加 Struts 2 依赖库

使用 Eclipse 创建一个动态 Web 工程，为了让该工程具有 Struts 2 支持功能，必须将 Struts 2 框架的核心类库增加到 Web 应用中。将 Struts 2 框架 lib 路径下的 struts2-core-2.3.4.1.jar、xwork-core-2.3.4.1.jar、freemarker-2.3.19.jar、javassist-3.11.0.GA.jar、ognl-3.0.5.jar、commons-lang3-3.1.jar 和 commons-io-2.0.1.jar 等 Struts 2 框架的核心类库复制到 Web 应用的 lib 路径下，也就是工程目录下的 "\WebRoot\WEB-INF\lib" 路径下，如图 5-9 所示。

图 5-9　Struts 2 依赖包

2. 添加 Filter

Struts 2 的入口点是一个过滤器(Filter)。因此，Struts 2 要按过滤器的方式配置。下面是在 web.xml 中配置 Struts 2 的代码：

```
<filter>
    <filter-name>struts2</filter-name>
    <filter-class>org.apache.struts2.dispatcher.ng.filter.StrutsPrepareAndExecuteFilter</filter-class>
</filter>


<filter-mapping>
    <filter-name>struts2</filter-name>
    <url-pattern>/*</url-pattern>
</filter-mapping>
```

3. 显示页面

通常由 JSP 页面来呈现信息。HelloWorld.jsp 页面代码如下：

```
<% @ taglib prefix="s" uri="/struts-tags" %>
<html>
    <head>
        <title>Hello World!</title>
    </head>
    <body>
        <h2><s:property value="message" /></h2>
    </body>
</html>
```

4. 编写 Action 类

在 Action 类中实现 execute()方法，代码如下：

```
import com.opensymphony.xwork2.ActionSupport;
public class HelloWorld extends ActionSupport    {
    public static final String MESSAGE = "Struts is up and running    ";
    public String execute() throws Exception    {
        setMessage(MESSAGE);
        return SUCCESS;
    }
    private String message;
    public void setMessage(String message) {
        this.message = message;
    }
    public String getMessage()    {
        return message;
```

```
        }
    }
```

5. 配置文件

在配置文件中，进行配置 Action。编辑 Src 下 struts.xml 文件，其内容如下：

```
<!DOCTYPE struts PUBLIC
    "-//Apache Software Foundation//DTD Struts Configuration 2.3//EN"
    "http://struts.apache.org/dtds/struts-2.3.dtd">
<struts>
    <package name="tutorial" extends="struts-default">
        <action name="HelloWorld" class="HelloWorld">
            <result>/HelloWorld.jsp</result>
        </action>
        <!-- Add your actions here -->
    </package>
</struts>
```

6. 运行程序

部署应用程序并打开 http://localhost:8080/struts2_ch01_blank/HelloWorld.action，看到标题栏为"Hello World"，内容为"Struts is up and running!"的页面。

5.5.2　代码流程

浏览器向 Web 服务器发送了 http://localhost:8080/struts2_ch01_blank/HelloWorld.action (注：struts2_ch01_blank 为部署在 Tomcat 中的项目名称)的 URL 请求后，服务器做了如下工作：

(1) 容器接收到了 Web 服务器对资源 HelloWorld.action 的请求，根据 web.xml 中的配置，服务器将包含有.action 后缀的请求转到 org.apache.struts2.dispatcher.FilterDispatcher 类进行处理。这个 FilterDispatcher 是框架的一个进入点。

(2) 框架在 struts.xml 配置文件中找到名为 HelloWorld 的 action 对应的类。框架初始化该 Action 并且执行该 Action 类的 execute 方法。

(3) execute 方法将信息放入 message 变量中，并返回成功。框架检查配置以查看当返回成功时对应的页面。框架告诉容器来获得请求返回的结果页面 HelloWorld.jsp。

(4) 在 HelloWorld.jsp 执行完后，<s:property value="message" />标签调用 HelloWorld 的 Action 类中的 getMessage 方法来获得 message 的值，并将页面呈现给用户。

第 6 章　Struts 2 核心

Struts 三作为一个 Web 框架，其主要工作就是处理请求响应用户。Struts 2 的请求处理会使用到三个核心：拦截器(Interceptor)、动作(Action)和结果(Result)。

这三个核心组件都是通过配置文件或注解组织起来的，所以本章除了要学习 Struts 2 的三个核心外，还要学习 Struts 2 的配置。

此外，Struts 2 中还有一个关于数据流转的核心组件——"OGNL"，由于 OGNL 在开发人员编码中通常会和 Struts 2 标签一起使用，所以将 OGNL 放到下一个章节中详细讲解。

6.1　Struts 2 配置声明

配置就像是程序的影子。在大部分框架技术中，配置都是重要的组成部分。

6.1.1　配置声明方式

声明应用程序有两种方式：基于 XML 或 properties 配置文件的方式和通过 Java 注解方式。如图 6-1 所示，无论是使用配置文件方式还是使用 Java 注解方式声明应用程序的 Struts 2 组件，框架都会将它们转化为相同的运行时组件。若使用 XML 配置文件的方式，则用带有描述应用程序的动作、结果以及拦截器等元素来配置 XML 文件。若使用 Java 注

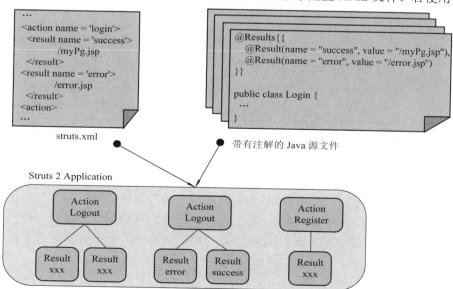

图 6-1　配置声明方式

解方式，没有 XML 文件，则所有的元素数据都集中在 Java 注解中，这些注解直接驻留在实现动作的类对应的 Java 源文件代码中。

虽然两种配置声明方式达到的效果相同，但本书主要以配置文件方式进行讲解，因为配置文件方式更适合初学者。

6.1.2　配置文件概述

Struts 2 提供了多种可选的配置文件形式，根据这些配置文件的名称、所在位置、作用范围和用途制作了一张配置文件的概览表，如表 6-1 所示。

表 6-1　配置文件概览表

配置文件	所在位置	作用范围	用　途
web.xml	/WEB-INF/	应用级	Struts 2 的入口程序定义、运行参数定义
struts-default.xml	/WEB-INF/lib/struts2-core.jar! struts-default.xml	框架级	Struts 2 默认的框架级的配置定义。包含所有的 Struts 2 的基本构成元素定义
struts.xml	/WEB-INF/classes	应用级	Struts 2 默认的应用级的主配置文件。包含所有的应用级别对框架级别默认行为的覆盖定义
default.properties	/WEB-INF/lib/struts2-core.jar! org.apache.struts2.default.properties	框架级	Struts 2 默认框架级的运行参数配置
struts.properties	/WEB-INF/classes	应用级	Struts 2 默认应用级的运行参数配置。包含所有的应用级别对框架级别的运行参数的覆盖定义
struts-plugin.xml	插件所在的 JAR 文件的根目录	应用级	Struts 2 所支持的插件形式的配置文件。文件结构和 struts.xml 一致。其定义作为 struts.xml 的扩展，也可以覆盖框架级别的行为定义

由表 6-1 知，不同的配置文件有不同的作用范围。其中 struts-default.xml 和 default.properties 是框架级别的配置文件。这两个文件包含在 Struts 2 的核心 jar 包里面，它们将在程序启动时被 Struts 2 初始化程序读取并加载。

对于应用级别的配置文件，Struts 2 提供了两个与框架级别的配置文件对应的配置文件：struts.xml 和 struts.properties。它们的结构和框架级别配置文件完全相同，但是其中定义的内容将覆盖框架级别的配置定义，为开发员提供应用级别配置扩展的基本方法。

除此之外，还可以通过 Struts 2 的插件来进行应用级别的配置定义，这一配置文件定义在插件所在 jar 包的根目录中，并以 struts-plugin.xml 的文件名称出现。这种插件形式的配置文件不仅为 Struts 2 插件提供了配置，也为开发员提供了更多的配置扩展形式。

在默认情况下，Struts 2 框架级别的配置文件足以支撑起一个 Struts 2 的应用。但在 web.xml 中定义了 Struts 2 的入口程序，若缺少 web.xml 的配置，Struts 2 也就无从谈起了。

虽然 xml 配置文件和 Properties 配置文件都是 Struts 2 支持的配置文件形式，但是从内容上讲，xml 包含了所有 Struts 2 内置对象的定义、运行参数的定义、结构化配置定义、事件相应映射定义等，这些都是 Struts 2 运行时必不可少的元素；而 Properties 文件，主要用于指定 Struts 2 的运行参数。综上所述，Struts 2 框架中的 XML 文件(例如 struts.xml)的配置元素定义是 Properties 文件(例如 struts.properties)的配置元素定义的超集。

也可以说，凡是能在 struts.properties 文件中定义的配置元素，都可以在 struts.xml 文件中找到相应的配置方式来代替。但是，如果同时在 struts.properties 和 struts.xml 中重复定义了某个元素，则以 struts.properties 中定义的为准。

例如在 struts.properties 文件中定义了 action url 的后缀：

```
struts.action.extension=do
```

在 struts.xml 文件中也定义了 action url 的后缀：

```
<constant name="struts.action.extension" value="action" />
```

此时提交的 action url 的后缀是 ".do"。

6.1.3　struts.xml 配置文件

Struts 2 的核心是 Action，而 Action 的核心则是 struts.xml。struts.xml 集中了所有页面的导航定义。对于大型 Web 项目来说，通过 struts.xml 配置文件即可迅速把握项目脉络，这对于前期的开发，以及后期的维护、升级都是大有裨益的。掌握 struts.xml 是掌握 Struts 2 项目的关键所在。

本节通过代码示例来讲解配置文件的相关知识。

struts.xml 文件的定义：

```
<?xml version="1.0" encoding="gb2312"?>
<!DOCTYPE struts PUBLIC
"-//Apache Software Foundation//DTD Struts Configuration 2.3//EN"
"http://struts.apache.org/dtds/struts-2.3.dtd">
<struts>
<!-- Action 所在包定义 -->
<package name="ch02" extends="struts-default">
<!-- 全局导航页面定义 -->
    <global-results>
        <result name="global">/jsp/login.jsp</result>
    </global-results>
<!-- Action 名字，类以及导航页面定义 -->
    <!-- 通过 Action 类处理刚才导航的 Action 定义 -->
```

```
        <action name="Login"
            class="com.example.struts.action.LoginAction">
            <result name="input">/jsp/login.jsp</result>
            <result name="success">/jsp/success.jsp</result>
        </action>
        <!-- 直接导航的 Action 定义 -->
        <action name="index" >
            <result>/jsp/login.jsp</result>
        </action>
    </package>
</struts>
```

代码解释如下：

(1) struts.xml 第一行是所有 xml 文件都具有的声明，常以"<?"开始，以"?>"结束。Version 是必须指定的，该属性一般都为 1.0，表明该文档遵守 xml1.0 规范。Encoding 是可选的，如果不写则默认为 UTF-8，该文件代码中的 gb2312 表明该文件的编码集是 gb2312，且支持中文字符。常见的字符编码集有支持简体中文的 gb2312，支持繁体中文的 GBK，支持西欧字符的 ISO8859-1 以及通用的国际编码 UTF-8。DTD 文件必须被声明，它表明 struts.xml 是支持 Struts 2.0 的文档类型定义。DTD 全称为 Document Type Defination(文档类型定义)。

(2) struts.xml 文件中所有的属性定义都是以"<struts>"开始，以"</struts>"结束的。主要属性有很多，具体如下：

① package 里定义了 Action 映射声明。它可以包含很多<action>或者一个也不包含(当然实际开发中是不可能一个都不包含的)。其中 name 属性内容是开发的 Web 项目名称，比如本章代码是 ch02 项目，所以 name 属性内容就是 ch02。而且它还扩展了 Struts 2 自带的缺省文件 struts-default.xml 配置文件，在此基础上可以对 Action 或其他项目中需要用到的类映射进行自定义。

② Action 是 package 包含的 Action 映射声明。<action>里的 name 属性是在 JSP 页面上定义的 Action 名字。在 Struts 2 里系统主动寻找名字为它的 Action，一旦找到就根据 class 属性里定义的 Action 类路径去执行该 Action 类。在代码里可以看到 Action 名字为 Login.action，系统搜索到它之后根据映射定义的 class 执行 LoginAction 类。result 相当于 Struts1 里的 forward 属性。Action 对象都是配置对象，这些配置对象都有唯一的标识，其中 name 就是标识。通过检索这些标识，Action 对象封装了需要指向的 URL，系统就会将最后响应信息转到 URL 所指的 JSP 页面，也就是代码里在<result>和</result>里定义的 JSP 页面路径。

注意：Action 的 name 一定要写成代码里显示的形式，不必加".do"或者".action"这样的后缀。其中，不加".action"是因为系统运行时会自动搜寻后缀名为".action"的 Action，所以没必要加，否则就变成搜寻"xx.action.action"格式的 Action，会出现系统报错。

此外，虽然 Struts 2 里系统只会搜寻".action"的 Action，但也可以让它只搜寻其他名字的后缀名。在前面章节已经介绍过，其中有个属性名为 struts.action.extension，可以将它

改为 " struts.action.extension=do "，这样就只搜寻 " .do " 后缀名。而且还可以改为
"struts.action.extension=do，htm"，这样不仅可以搜寻 ".do"，还可以搜寻 ".htm" 后缀名
(代码中用 "，" 隔开)。

　　本节代码还示范了另外一种 Action 的写法，这种 Action 不经过具体 Action 类进行业
务逻辑处理，而是经过一个类似 HTML 链接的简单功能。例如系统找到 index.Action，并
根据<result>里定义的 URL 在浏览器里直接显示 login.jsp。

　　注意：<result>和</result>之间定义的 JSP 页面要把全路径写出来，不能只写 login.jsp、
success.jsp。除非该 JSP 页面是在系统根目录下。

　　③ <global-results>是全局导航页面映射定义，这些定义的<result>是被多个 Action 共
用的。如果一个具体 Action 在<action>里找不到定义<result>的唯一标识，就会去寻找(也
可称之为匹配)<global-results>里<result>的唯一标识。如果 LoginAction 返回的唯一标识不
是 "input" 和 "success" 而是 "global"，那么它会在浏览器上显示名字为 "global" 的<result>
指向的 JSP。

6.1.4　包和命名空间

　　Struts 2 使用包来组织 Action，因此，将 Action 定义放在包定义下，并定义 Action 通
过使用 package 下的 action 子元素来完成，而每个 package 元素配置一个包。

　　Struts 2 框架中核心组件是 Action、拦截器等。Struts 2 框架使用包来管理 Action 和拦
截器等，每个包就是多个 Action、多个拦截器、多个拦截器引用的集合。

　　配置 package 元素时必须指定 name 属性，这个属性是引用包的唯一标识。除此之外，
还可以指定一个可选的 extends 属性。注意，extends 属性值必须是另一个包的 name 属性。
指定 extends 属性表示让一个包继承另一个包，子包可以从一个或多个父包中继承拦截器、
拦截器栈、action 等配置。

　　Struts 2 还提供了一种抽象包。所谓抽象包，就是不包含 Action 定义的包。为了显示
指定一个抽象包，可以在 package 元素中增加 abstract="true" 属性。

　　在 struts.xml 文件中，package 元素用于定义包配置，每个 package 元素定义了一个包
配置。定义 package 元素时可以指定如下几个属性：

　　name：必需属性，该属性指定了包的名字，此名字是该包被其他包引用的 key。

　　extends：可选属性，该属性指定包继承其他包。可以继承其他包中的 Action 定义、
拦截器定义等。

　　namespace：可选属性，该属性定义包的命名空间。如果没有指定 namespace 属性，
即使用默认的命名空间，则默认的命名空间总是" "。如果指定了命名空间，则该包下所有
Action 处理的 URL 均应是命名空间+Action 名。

　　abstract：可选属性，它指定包是否是一个抽象包。抽象包中不能包含 Action 定义。

　　下面是一个简单的 struts.xml 配置文件范例。在下面的 struts.xml 文件中配置了两个包，
其中名为 default 的包继承了 Struts 2 框架的默认包：struts-default。

```
<struts>
    <!-- 配置第一个包，该包名为 default，继承 struts-default -->
```

```xml
<package name="default" extends="struts-default">
    <!--下面定义了拦截器部分 -->
    < interceptors >
        <!--定义拦截器栈 -->
        <interceptor-stack name="crudStack">
            <interceptor-ref name="params"/>
            < interceptor-ref name="defaultStack"/>
        </interceptors-stack>
    </interceptors>
    <default-action-ref name="showcase"/>
    <!-- 定义一个 Action，该 Action 直接映射到 showcase.jsp 页面 -->
    <action name="showcase">
        <result> showcase.jsp</result>
    </action>
    <!-- 定义一个 Action，该 Action 类为 lee.DateAction -->
    <action name="Date" class="lee. DateAction">
        <result name="success">/date.jsp</result>
    </action>
</package>
<!--  定义名为 skill 包，该 Action 继承 default 的包 -->
<package name="skill" extends="default"namespace="/skill">
    <!-- 定义默认的拦截器引用 -->
    <default-interceptor-ref name="crudStack"/>
<!-- 定义名为 Edit 的 Action，该 Action 对应的处理类为 lee.SkillAction -->
    <action name="Edit" class="lee. SkillAction">
            <result>/empmanager/editSkill.jsp</result>
            < interceptor-ref name="params"/>
            < interceptor-ref name="basicStack"/>
    </action>
    <!-- 定义名为 save 的 Action，该 Action 对应的处理类为 lee.SkillAction，使用 save 方法
       作为处理方法 -->
    <action name="save" class="lee. SkillAction"method="save">
            < result name="input">/empmanager/editSkill.jsp</result>
            < result name="redirect">
/edit.action?skillName=${currentSkill.name}
</result>
        </action>
    <!-- 定义名为 Delete 的 Action，该 Action 对应的处理类为 lee.SkillAction，
    使用 delete 方法作为处理方法 -->
```

```
        <action name="Delete" class="lee. SkillAction"method="delete">
            < result name="error">/empmanager/editSkill.jsp</result>
            < result name="redirect">
/edit.action?skillName=${currentSkill.name}
</result>
        </action>
    </package>
</struts>
```

粗体字代码配置了两个包，在定义 skill 包的同时，还指定了该包的命名空间为/skill。

从前面内容可以看出，每定义一个 package 元素，都可以指定一个 namespace 属性，用于指定该包对应的命名空间。

Struts 2 之所以提供命名空间的功能，主要是为了处理同一个 Web 应用中包含同名 Action 的情形。Struts 2 以命名空间的方式来管理 Action，同一个命名空间里不能有同名的 Action，不同的命名空间里可以有同名的 Action。

Struts 2 不支持为单独 Action 设置命名空间，它通过为包指定 namespace 属性来为包下所有的 Action 指定共同的命名空间。如果配置 package 时没有指定 namespace 属性，则包中所有 Action 均处于默认包空间下。

下面以一个示例应用来说明 Struts 2 命名空间的用法。看下面的 struts.xml 配置文件代码，这份配置文件中配置了两个 package，并为后一个 package 指定命名空间为/book。

```
<?xml version="1.0" encoding="GBK"?>
<!DOCTYPE struts PUBLIC
"-//Apache Software Foundation//DTD Struts Configuration 2.3//EN"
"http://struts.apache.org/dtds/struts-2.3dtd">

<struts>

<constant name="struts.devMode" value="true"/>
<!-- 下面配置名为 lee 的包，该包继承了 Struts 2 的默认包
   没有指定命名空间，将使用默认命名空间 -->

<package name="lee" extends="struts-default">
  <!-- 配置一个名为 login 的 Action -->
  <action name="login" class="org.crazyit.app.action.LoginAction">
      <result name="error">/error.jsp</result>
      <result name="success">/welcome.jsp</result>
  </action>
</package>

<!--下面配置名为 get 的包，该包继承了 Struts 2 的默认包。指定该包的命名空间为/book-->
```

```xml
<package name="get" extends="struts-default" namespace="/book">
  <!-- 配置一个名为 getBooks 的 Action -->
  <action name="getBooks" class="org.crazyit.app.action.GetBooksAction">
      <result name="login">/login.jsp</result>
      <result name="success">/showBook.jsp</result>
  </action>
</package>


</struts>
```

在上面的 struts.xml 配置文件中，配置了两个包：lee 和 get。配置 get 包时，粗体字代码配置了该包的命名空间为/book。

对于名为 lee 的包而言，没有指定 namespace 属性。如果某个包没有指定 namespace 属性，则该包使用默认的命名空间。默认的命名空间总是 " "。

当某个包指定了命名空间后，该包下所有 Action 处理的 URL 均应是命名空间 + Action 名。以上面的 get 包为例，该包含有名为 getBooks 的 Action，则该 Action 处理的 URL 为：

```
/*
下面是访问 GetBooks 的 URL。其中 8888 是作者的 Tomcat 服务端口，webroot 是应用名
book 是该 Action 所在包对应的命名空间，而 GetBooks 是 Action 名
/*
http://localhost:8888/webroot/book/GetBooks.action
```

从上面内容可以看出，Struts 2 命名空间的作用类似于 Struts 1 里模块的作用。

除此之外，Struts 2 还可以显示指定根命名空间，通过设置某个包的 namespace="/" 来指定根命名空间。

如果请求为/barspace/bar.action，则系统首先查找/barspace 命名空间里名为 bar 的 Action，如果在该命名空间里找到对应的 Action，则使用该 Action 处理用户请求；否则，系统将到默认命名空间中查找名为 bar 的 Action，如果找到对应的 Action，则使用该 Action 处理用户请求；如果两个命名空间里都找不到名为 bar 的 Action，则系统出现错误。

6.1.5　配置 Action

工程越大，struts.xml 配置文件就越大，并且越来越复杂，这样不便于阅读。此时可以将 struts.xml 文件进行拆解。以下是改进的 struts.xml 配置文件。

```xml
<?xml version="1.0" encoding="UTF-8" ?>
<!DOCTYPE struts PUBLIC
"-//Apache Software Foundation//DTD Struts Configuration 2.3//EN"
"http://struts.apache.org/dtds/struts-2.3.dtd">


<struts>
```

```
    <constant name="struts.action.extension" value="action" />


    <!-- Action 所在包定义 -->
    <package name="default" namespace="/" extends="struts-default">
    <!-- 默认 Action 定义 -->
        <default-action-ref name="index" />


    <!-- 全局导航页面定义 -->
        <global-results>
            <result name="error">/error.jsp</result>
        </global-results>


    <!-- 全局异常页面定义 -->
        <global-exception-mappings>
            <exception-mapping exception="java.lang.Exception" result="error"/>
        </global-exception-mappings>


    <!-- Action 重定向 -->
     <action name="index">
        <result type="redirectAction">
            <param name="actionName">HelloWorld</param>
            <param name="namespace">/example</param>
        </result>
     </action>
    </package>


    <include file="struts-login.xml"/>


    </struts>
```

分步讲解：

首先使用<constant>标签设置 action 的后缀，即

```
    <constant name="struts.action.extension" value="action" />
```

接着定义了包的位置以及默认的 Action(访问默认会直接定位到指定的"index"
Action)：

```
    <!-- Action 所在包定义 -->
    <package name="default" namespace="/" extends="struts-default">
    <!-- 默认 Action 定义 -->
        <default-action-ref name="index" />
```

配置全局异常处理页面，当发生异常时跳转到/error.jsp 页面：

```xml
<!-- 全局导航页面定义 -->
<global-results>
        <result name="error">/error.jsp</result>
</global-results>


<!-- 全局异常页面定义 -->
<global-exception-mappings>
        <exception-mapping exception="java.lang.Exception" result="error"/>
</global-exception-mappings>
```

对默认的 Action 进行定义。默认的"index"Action 只是一个重定向操作。重定向跳转到命名空间是"/example"下面名为"HelloWorld"的 Action。

```xml
<!-- Action 重定向 -->
<action name="index">
        <result type="redirectAction">
                <param name="actionName">HelloWorld</param>
                <param name="namespace">/example</param>
        </result>
</action>
</package>
```

可以使用<include>标签，模块化管理 struts.xml 配置文件。<include>标签用来导入一个子文件，子文件与 struts.xml 有着同样的结构，使用相同的配置语法。以下是 include 进来的 struts-login.xml 的代码。

```xml
<?xml version="1.0" encoding="UTF-8" ?>
<!DOCTYPE struts PUBLIC
        "-//Apache Software Foundation//DTD Struts Configuration 2.3//EN"
        "http://struts.apache.org/dtds/struts-2.3.dtd">


<struts>

        <package name="example" namespace="/example" extends="default">
                <!--Action 典型配置，指定 name class 属性, 包含 result 节点配置 -->
                <action name="HelloWorld" class="example.HelloWorld">
                        <result>/example/HelloWorld.jsp</result>
                </action>

        </package>
</struts>
```

子文件 struts-login.xml 和 struts.xml 的结构是一样的，在该文件中定义了命名空间"/example"，在命名空间里面定义了"HelloWorld"的 Action。

6.2　实现 Action

6.2.1　POJO 实现 Action

Struts 2 不要求 Action 类继承任何 Struts 2 基类，或者实现任何 Struts 2 接口。在这种设计方式下，Struts 2 的 Action 类是一个普通的 POJO(通常应该包含一个无参数的 execute 方法)，其代码有很好的复用性。

Struts 2 通常直接使用 Action 来封装 HTTP 请求参数，因此，Action 类里还应该包含与请求参数对应的属性，并且为这些属性提供对应的 setter 和 getter 方法。

例如，用户请求包含 user 和 pass 两个请求参数，那么 Action 类应该提供 user 和 pass 两个属性来封装用户的请求参数，并且为 user 和 pass 提供对应的 setter 和 getter 方法。下面是处理该请求的 Action 类的代码片段：

```
//处理用户请求的 Action 类，只是一个 POJO，无须继承任何基类，无须实现任何接口
public class LoginAction
{   //提供两个属性来封装 HTTP 请求参数
    private String user;
    private String pass;
    //user 属性的 getter 和 setter 方法
    public void setUser(String user)
    {
        this.user = user;
    }
    public String getUser()
    {
        return (this.user);
    }
    //pass 属性的 getter 和 setter 方法
    public void setpass(String pass)
    {
        this.pass = pass;
    }
    public String getPass()
    {
        return(this.pass);
    }
    //Action 类默认处理用户请求的方法：execute 方法
    public String execute ()
```

```
    {  //返回处理结果字符串
        return "login";
    }
}
```

上面的 Action 类只是一个普通的 Java 类,这个 Java 类提供了两个属性:user 和 pass(如程序中粗体字代码所示),并为这两个属性提供了 setter 和 getter 方法,这两个属性分别对应两个 HTTP 请求参数。LoginAction 中的 execute()方法就是处理用户请求的逻辑控制方法。

可以在 struts.xml 配置文件中配置 Action 相关的映射。

```
<action name="LoginAction" class="example.LoginAction">
    <result>/example/Welcome.jsp</result>
    <result name="login">/example/Login.jsp</result>
</action>
```

在前面已经学习过 struts.xml 配置文件,在这里结合 Action 示例再学一次。上面配置 Action 的代码是基本配置,定义 Action 时,至少需要指定该 Action 的 name 属性,此 name 属性既是 Action 的名字,又指定了 Action 对应的请求 URL 的前半部分。

除此之外,还需要为 action 元素指定一个 class 属性,其中 class 属性指定了该 Action 的实现类。

Action 只是一个逻辑控制器,它并不直接对浏览者生成任何响应。因此,Action 处理完用户请求后,需要将指定的视图资源呈现给用户。因此,配置 Action 时,应该配置逻辑视图和物理视图资源之间的映射。配置逻辑视图和物理视图之间的映射关系是通过<result>元素来定义的,每个<result>元素定义逻辑视图和物理视图之间的一次映射。在 Action 类的 execute()方法中返回的字符串"login",此时会根据<result>标签中定义的 name 属性找到对应的物理视图。上面示例会映射跳转第二个<result>标签指向的/example/Login.jsp 页面。第一个<result>标签中没有设置 name 属性,其默认值为"success"。

Action 类里的属性,不仅可用于封装请求参数,还可用于封装处理结果。例如,在前面的 Action 代码中看到,如果希望将服务器提示的"登录成功"在下一个页面中输出,那么可以在 Action 类中增加一个 tip 属性,并为该属性提供对应的 setter 和 getter 方法,即为 Action 类增加如下代码片段:

```
//封装处理结果的 tip 属性
private String tip;
//tip 属性对应的 setter 和 getter 方法
public String getTip()
{
    return tip;
}
public void setTip(String tip)
{
    this.tip = tip;
}
```

一旦在 Action 中设置了 tip 属性的值,就可以在下一个页面中使用 Struts 2 标签来输出该属性的值。在 JSP 页面中输出 tip 属性值的代码片段如下:

```
<!-- 使用 Struts 2 标签来输出 tip 属性值 -->
<s:property value="tip"/>
```

系统不会严格区分 Action 里哪个属性是用于封装请求参数的,哪个属性是封装处理结果的。对系统而言,封装请求参数的属性和封闭处理结果的属性是完全平等的。如果用户的 HTTP 请求里包含了名为 tip 的请求参数,则系统会调用 Action 类的 void seTip(Srting tip) 方法,那么名为 tip 的请求参数将无法传入 Action。

同样,在 JSP 页面中输出 Action 属性时,系统也不会区分该属性是用于封装请求参数的,还是用于封装处理结果的。因此,使用 Struts 2 的标签既可以输出 Action 的处理结果,也可以输出 HTTP 请求参数值。

从上面代码中看到,需要在 JSP 页面输出的处理结果是一个简单的字符串,可以使用 <s:propert >标签来控制输出。实际上,Action 类里可以封装非常复杂的属性,包括其他用户自定义的类、数组、集合对象和 Map 对象等。对于这些复杂类型的输出,一样可通过 Struts 2 的标签来完成。

6.2.2　继承 ActionSupport

为了让用户开发的 Action 类更规范,Struts 2 提供了一个 Action 接口,这个接口定义了 Struts 2 的 Action 处理类应该实现的规范。下面是标准 Action 接口的代码:

```
public interface Action {

    /**
     * The action execution was successful. Show result
     * view to the end user.
     */

    public static final String SUCCESS = "success";


    /**
     * The action execution was successful but do not
     * show a view. This is useful for actions that are
     * handling the view in another fashion like redirect.
     */

    public static final String NONE = "none";


    /**
     * The action execution was a failure.
     * Show an error view, possibly asking the
     * user to retry entering data.
     */
```

```java
public static final String ERROR = "error";

/**
 * The action execution require more input
 * in order to succeed.
 * This result is typically used if a form
 * handling action has been executed so as
 * to provide defaults for a form. The
 * form associated with the handler should be
 * shown to the end user.
 * <p/>
 * This result is also used if the given input
 * params are invalid, meaning the user
 * should try providing input again.
 */
public static final String INPUT = "input";

/**
 * The action could not execute, since the
 * user most was not logged in. The login view
 * should be shown.
 */
public static final String LOGIN = "login";

/**
 * Where the logic of the action is executed.
 *
 * @return a string representing the logical result of the execution.
 *         See constants in this interface for a list of standard result values.
 * @throws Exception thrown if a system level exception occurs.
 *<b>Note:</b> Application level exceptions should be handled by returning
 *             an error value, such as <code>Action.ERROR</code>.
 */
public String execute() throws Exception;
}
```

　　上面的 Action 接口里只定义了一个 execute 方法，该接口的规范规定了 Action 类应该包含一个 execute 方法，并返回一个字符串。除此之外，该接口还定义了 5 个字符串常量，它们的作用是统一 execute 方法的返回值。

　　例如，当 Action 类处理用户请求成功后，有人喜欢返回 welcome 字符串，有人喜欢返回 success 字符串……这样不利于项目的统一管理。Struts 2 的 Action 接口定义了以下 5 个字符串常量：ERROR、NONE、INPUT、LOGIN 和 SUCCESS，分别代表特定的含义。如果开发者希望使用特定字符串作为逻辑视图名，其依然可以返回自己需要的视图名。

另外，Struts 2 还为 Action 接口提供了一个实现类：ActionSuport。为了实现 Action，通常会继承 ActionSupport 类，并重载此类的 execute()方法。ActionSupport 类不但实现了 Action 的接口，还实现了验证和国际化相关的接口：Validateable、ValidationAware、TextProvider 和 LocaleProvider。

6.2.3　动态方法调用

Struts 2 同样提供了这种包含处理多个处理逻辑的 Action，从而允许一个 Action 内包含多个控制处理逻辑。例如对于同一个表单，当用户通过不同的提交按钮来提交同一个表单时，系统需要使用 Action 的不同方法来处理用户请求，这就需要让同一个 Action 里包含多个控制处理逻辑。看如图 6-2 所示的 JSP 页面。

图 6-2　包含两个提交按钮的 JSP 页面

上面的 JSP 页面包含两个提交按钮，分别提交给 Action 的不同方法进行处理。其中，"登录"按钮希望使用登录逻辑来处理请求，而"注册"按钮则希望使用注册逻辑来处理请求。

此时，可以采用 DMI(Dynamic Methods Invocation，动态方法调用)来处理这种请求。动态方法调用是指表单元素的 Action 并不是直接等于某个 Action 的名字，而是以如下形式来指定 Form 的 Action 属性：

```
<!-- action 属性为 actionName!methodName 的形式
    其中 ActionName 指定提交到哪个 Action，而 methodName 指定提交到指定方法 -->
Action="ActionName! methodName"
```

上面 JSP 页面"注册"按钮的代码如下：

```
<!--"注册"按钮是一个没有任何动作的按钮，但单击该按钮时触发 regist 函数 -->
    <input type="submit" value="注册" onClick="regist();"/>
```

regist 函数的代码如下：

```
function regist(){
    //获取 JSP 页面中的一个表单元素
    targetForm =document.forms[0];
    //动态修改目标表单的 action 属性
```

```
            targetForm.action = "login!regist";
        }
```

其中粗体字代码改变了表单元素的 Action 属性，修改后的 Action 属性为：login!regist。实质就是将表单提交给 LoginRegistAction 的 regist 方法处理。

LoginRegistAction 类的代码如下：

```
public class LoginRegistAction extends ActionSupport
{
    //封装用户请求参数的两个属性
    private String username;
    private String password;
    //封装处理结果的 tip 属性
    private String tip;
    //username 属性对应的 setter 和 getter 方法
    public String getUsername()
    {
        return username;
    }
    public void setUsername(String username)
    {
        this.username = username;
    }
    //password 属性对应的 getter 和 setter 方法
    public String getPassword()
    {
        return password;
    }
    public void setPassword(String password)
    {
        this.password = password;
    }
    //tip 属性对应的 setter 和 getter 方法
    public String getTip()
    {
        return tip;
    }
    public void setTip(String tip)
    {
        this.tip = tip;
    }
```

```
//Action 包含的注册控制逻辑
public String regist() throws Exception
{
    ActionContext.getContext().getSession()
    .put("user" , getUsername());
    setTip("恭喜您," + getUsername() + ", 您已经注册成功！");
    return SUCCESS;
}
//Action 默认包含的控制逻辑

public String execute() throws Exception
{
    if (getUsername().equals("bruce")
        && getPassword().equals("bruce") )
    {
        ActionContext.getContext().getSession().put("user" , getUsername());
        setTip("欢迎," + getUsername() + ", 您已经登录成功！");
        return SUCCESS;
    }
    else{
        return ERROR;
    }
}
}
```

上面的粗体字代码定义了 Action 里包含的 regist 控制逻辑，在默认情况下，用户请求不会提交给该方法。图 6-2 所示 JSP 页面中的"登录"按钮只是一个普通按钮，当浏览者单击"登录"按钮时，系统将提交给 LoginRegistAction 的默认方法处理。当浏览者单击"注册"按钮时，表单的 Action 被修改为 login!regist，系统将提交给 LoginAction(即 LoginRegistAction)的 regist 方法处理。因此，如果单击"注册"按钮将看到如图 6-3 所示的页面。

图 6-3　动态方法调用

通过这种方式，可以在一个 Action 中包含多个处理逻辑，并通过为表单元素指定不同 Action 属性来提交给 Action 的不同方法。对于使用动态调用的方法，例如 regist 方法，该方法的方法声明与系统默认的 executer 方法的方法声明只有方法名不同，其他部分如形参列表、返回值类型都应该完全相同。

6.2.4　指定 method 属性及使用通配符

Struts 2 还提供了一种将一个 Action 处理类定义成多个逻辑 Action 的处理方法。

如果在配置<action>元素时，指定 action 的 method 属性，则可以让 Action 类调用指定方法，而不是 execute 方法来处理用户请求。例如，有如下配置片段：

```
<!-- 定义名为 Login 的 Action,该 Action 的实现类为 LoginAction,处理用户请求的方法为 login -->
<action name="Login"class="example.LoginAction"method="login"/>
…
</ action >
```

通过这种方式可以将一个 Action 类定义成多个逻辑 Action，即 Action 类的每个处理方法都映射成一个逻辑 Action，前提是这些方法具有相似的方法签名：方法形参列表为空，方法返回值为 String。下面是本示例的 struts.xml 文件代码。

```
<?xml version="1.0" encoding="GBK"?>
<!DOCTYPE struts PUBLIC
    "-//Apache Software Foundation//DTD Struts Configuration 2.3//EN"
    "http://struts.apache.org/dtds/struts-2.3.dtd">
<struts>
    <!--  配置了一个 package 元素  -->
    <package name="default" extends="struts-default">
        <!-- 配置 login Action,处理类为 LoginRegistAction
                默认使用 execute 方法处理请求  -->
        <action name="login" class="example.LoginRegistAction">
            <!-- 定义逻辑视图和物理视图之间的映射关系  -->
                <result name="input">/longin.jsp</result>
                <result name="error">/error.jsp</result>
                <result name="success">/welcome.jsp</result>
        </action>
            <!-- 配置 regist Action,处理类为 LoginRegistAction
                指定使用 regist 方法处理请求  -->
            <action name="regist" class="example.LoginRegistAction" method="regist">
                <!-- 定义逻辑视图和物理视图之间的映射关系  -->
            <result name="input">/longin.jsp</result>
            <result name="error">/error.jsp</result>
            <result name="success">/welcome.jsp</result>
```

```
        </action>
      </package>
    </struts>
```

上面定义了 login 和 regist 两个逻辑 Action，它们对应的处理类都是 example.LoginRegistAction。login 和 regist 两个 Action 虽然有相同的处理类，但处理逻辑不同——处理逻辑通过 method 方法指定，其中名为 login 的 Action 对应的处理逻辑为默认的 execute 方法，而名为 regist 的 Action 对应的处理逻辑为指定的 regist 方法。

将一个 Action 处理类定义成两个逻辑 Action 后，可以再修改 JSP 页面的 JavaScript 代码。修改 regist 函数的代码如下：

```
function regist(){
    //获取页面的第一个表单
    targetForn = document.forms[0];
    //动态修改表单的 action 属性
    targetform.action = "regist.action";
}
```

通过这种方式，也可以实现上面的效果——当浏览者单击"登录"按钮时，将提交给 Action 类的登录逻辑处理；当浏览者单击"注册"按钮时，将提交给 Action 类的注册逻辑处理。

再次查看上面 struts.xml 文件中两个<action>元素定义，发现两个 Action 定义的绝大部分均相同，因此，这种定义相当冗余。为了解决这个问题，Struts 2 还有另一种形式的动态方法调用：使用通配符方式。

在配置<action>元素时，需要指定 name、class 和 method 属性，其中 name 属性可使用模式字符串(允许用"*"代表一个或多个任意字符)，表明该 Action 可以处理所有能匹配该模式字符串的请求。因此，在 Action 的 name 属性中使用通配符后，可用一个<action>元素代替多个逻辑 Action。

以下是 struts.xml 配置文件中的代码：

```
<!-- 使用数字模式字符串定义 Action 的 name，指定所有以 Action 结尾的
     请求，都可用 LoginRegisteredAction 来处理，method 属性使用{1}
     这个{1}代表进行模式匹配时第一个*所代替的字符串 -->
<action name="*Action" class="example.LoginRegistAction" method="{1}">
    <result name="input">/login.jsp</result >
    <result name="error">/error.jsp</result>
    <result name="success">/welcome.jsp</result>
</action>
```

上面的<action name="*Action".../>不是定义了一个普通 Action，而是定义了一系列的逻辑 Action——只要用户请求的 URL 是*Action，action 的模式，都可以使用该 Action 来处理。配置该 action 元素时，还指定 method 属性(method 属性用于指定处理用户请求的方法)，但该 method 属性使用了一个表达式{1}，该表达式的值就是 name 属性值中第一个*的值。例如，如果用户请求的 URL 为 loginAction.action，则调用 example.LoginRegistAction 类的

login 方法；如果请求 URL 为 registAction.action，则调用 example.LoginRegistAction 类的
regist 方法。

下面是本应用所使用的 LoginRegistAction 类的代码。

```java
public class LoginRegistAction extends ActionSupport
{
    //封装用户请求参数的两个属性
    private String username;
    private String password;
    //封装处理结果的 tip 属性
    private String tip;
    //username 属性对应的 setter 和 getter 方法
    public String getUsername()
    {
        return username;
    }
    public void setUsername(String username)
    {
        this.username = username;
    }
    //password 属性对应的 getter 和 setter 方法
    public String getPassword()
    {
        return password;
    }
    public void setPassword(String password)
    {
        this.password = password;
    }
    //tip 属性对应的 setter 和 getter 方法
    public String getTip()
    {
        return tip;
    }
    public void setTip(String tip)
    {
        this.tip = tip;
    }
    //Action 包含的注册控制逻辑
    public String regist() throws Exception
```

```
        {
            ActionContext.getContext().getSession()
                .put("user" , getUsername());
            setTip("恭喜您," + getUsername() + ", 您已经注册成功！");
            return SUCCESS;
        }
        //Action 默认包含的控制逻辑
        public String login() throws Exception
        {
            if (getUsername().equals("bruce")
                && getPassword().equals("bruce") )
            {
                ActionContext.getContext().getSession()
                    .put("user" , getUsername());
                setTip("欢迎," + getUsername() + ", 您已经登录成功！");
                return SUCCESS;
            }
            else
            {
                return ERROR;
            }
        }
    }
```

从上面程序的粗体字代码中可以看出：该 Action 类不再包含默认的 execute 方法，而是包含了 regist 和 login 两个方法，这两个方法与 execute 方法签名非常相似，只是方法名不同。

同样对于图 6-2 所示的页面，将 JavaScript 中 regist 函数修改为如下形式：

```
function regist(){
    //获取页面中第一个表单
    targetFrom =document.forms[0];
    //动态修改表单的 Action 属性
        targetForm.action ="registAction.action";
}
```

在上面方法中看到，当浏览者单击"注册"按钮时，动态修改表单的 Action 属性为 registAction.Action，该请求匹配了*Action 的模式，将交给该 Action 处理；registAction 匹配*Action 模式时，*的值为 regist，则调用 regist 方法来处理用户请求。

除此之外，表达式也可出现在<action>元素的 class 属性中，即 Struts 2 允许将一系列的 Action 类配置成一个<action>元素，相当于一个<action>元素配置了多个逻辑 Action。

以下是 action.xml 配置文件中的关键代码：

```
<!-- 使用数字模式字符串定义 Action 的 name，指定所有以 Action 结尾的
    请求，都可用 lexample.{1}Action 来处理，这个{1}代表进行模式匹配时
    第一个 * 所代替的字符串 -->
<action name="*Action"    class="example.{1}Action">
    <result name="input">/login.jsp</result >
    <result name="error">/error.jsp</result>
    <result name="success">/welcome.jsp</result>
</action>
```

上面<action>定义片段定义了一系列 Action，这系列的 Action 名字应该匹配*Action 的模式，没有指定 method 属性，即默认使用 execute 方法来处理用户请求。但 class 属性值使用了表达式，上面配置片段的含义是，如果有 URL 为 RegistAction.action 的请求，将可以匹配*Action 模式，交给该 Action 处理，其第一个 "*" 值为 Regist，即该 Action 的处理类为 example. RegistAction。类似地，如果有 URL 为 LoginAction.action 的请求，则处理类为 example.LoginAction。为此，如果我们需要系统处理 RegistAction 和 LoginAction 两个请求，则必须提供 example.LoginAction 和 example. RegistAction 两个处理类。

此时将如图 6-2 所示页面中的 regist 函数改为如下形式：

```
function regist(){
    //获取 JSP 页面中的一个表单元素
    targetForm =document.forms[0];
    //动态修改目标表单的 action 属性
    targetForm.action = "RegistAction.action";

}
```

如果有需要，Struts 2 允许在 class 属性和 method 属性中同时使用表达式。见如下配置片段：

```
<!-- 定义了一个 action，同时在 class 属性和 method 属性中同时使用表达式 -->
<action name="*-*" method="{2}"    class="action.{1}">
```

上面的定义片段定义了一个模式为*-*的 Action，即只要匹配该模式的请求，都可以被该 Action 处理。如果有 URL 为 Book_save.action 的请求，因为匹配了*-*模式，且第一个 "*" 的值为 Book，第二个 "*" 的值为 save，则意味着调用 Book 处理类的 save 方法来处理用户请求。

因为 Struts 2 默认的校验文件命名遵守如下规则：ActionName-validation.xml，即如果有类名为 MyAction 的 Action 类，则应该提供名为 MyAction- validation.xml 的文件。

但对于上面的<action>配置元素，class 属性值是一个表达式，这个表达式的值来自于前面 Action 的 name 属性。例如，如果有 URL 为 Book-save.action 的请求，则该 Action 对应的处理类为 Book，对应的数据校验文件名为 Book-validation.xml。实际上 Struts 2 允许指定校验文件时精确到处理方法，即指定如下形式的校验文件：ActionName-methodName-validation.xml。所以对于 Book-save.action 的请求，系统将优先使用 Book-save- validation.xml 校验文件。

即使对于 class 属性值固定的 Action，同样可以为一个 Action 类指定多个校验文件。

见如下的 Action 配置片段：

```
<!-- 配置了 Action，指定了固定的 class 属性，而 method 属性使用表达式 -->
<action name="Crud_*" class="example.Crud" method="{1}">
```

在上面的配置片段中，指定了该 Action 的实现类为 example.Crud。该 Action 的 name 是一个模式字符串，则该 Action 将可以处理所有匹配 Crud_*的请求。

假设有 URL 为 Crud_input 的请求，该请求匹配了 Crud_*的模式，故该 Action 的 name 可以处理该请求。对于该请求，Struts 2 将采用 Crude_input- validation.xml 校验文件进行数据校验。

实际上，Struts 2 不仅允许在 class 属性、name 属性中使用表达式，还允许在<action...../> 元素的<result.../>子元素中使用表达式。下面提供了一个通用 Action，该 Action 可以配置成如下形式：

```
<!-- 定义一个通用 Action -->
<action name="*">
    <!-- 使用表达式定义 Result>
    <result>/{1}.jsp</result>
</action>
```

在上面的 Action 定义中，Action 的名字是一个 "*"，即它可以匹配任意的 Action，所有的用户请求都可通过该 Action 来处理。因为没有为该 Action 指定 class 属性，即该 Action 使用 ActionSupport 作为处理类，而且因为该 ActionSupport 类的 execute 方法返回 success 字符串，即该 Action 总是直接返回 result 中指定 JSP 资源。JSP 资源使用了表达式来生成资源名。上面 Action 定义的含义是：如果请求 a.action，则进入 a.jsp 页面；如果请求 b.action，则进入 b.jsp 页面。

这种方式可以让 Struts 2 框架管理所有用户请求，避免浏览者直接访问系统 JSP 页面。

对于只是简单的超级链接的请求，可以通过定义 name 为 "*" 的 Action(该 Action 应该放在最后定义)实现。除此之外，Struts 2 还允许在容器中定义一个默认的 Action，当用户请求的 URL 在容器中找不到对应的 Action 时，系统将使用默认的 Action 来处理用户请求。

现在的问题是，当用户请求的 URL 同时匹配多个 Action 时，应使用哪个 Action 来处理用户请求呢？

假设有 URL 为 abcAction.action 的请求，在 struts.xml 文件中配置了如下 3 个 Action，它们的 Action name 的值分别为 abcAction、*Action 和*，则这个请求将被名为 abcAction 的 Action 处理。

如果有 URL 为 defAction.action 的请求，struts.xml 文件中同样配置了 abcAction、*Action 和*这 3 个 Action，那么 defAction.action 的请求显然不会被 name 为 abcAction 的 Action 处理，但到底是被 name="Action"的 Action 处理，还是被 name="*"的 Action 处理呢？

为了得到这个结果，我们做了一个 natchSequence 应用。该应用的 struts.xml 配置文件如下：

```
<?xml version="1.0" encoding="GBK"?>
<!DOCTYPE struts PUBLIC
    "-//Apache Software Foundation//DTD Struts Configuration 2.3//EN"
```

```
        "http://struts.apache.org/dtds/struts-2.3.dtd">
<struts>
    <package name="default" extends="struts-default">
        <!--配置 name="*"的第一个 Action -->
        <action name="*" class="example.FirstAction">
            <result name="success">/welcome.jsp </result >
        </action>
        <!--配置 name="Action"的第二个 Action -->
        <action name="*Action" class="example.TwoAction">
            <result name="success">/welcome.jsp </result >
    </action>
        <!--配置 name 为 LoginAction 的第三个 Action -->
        <action name="LoginAction" class="example.LoginAction">
            <result name="input">/login.jsp</result>
            <result name="error">/error.jsp</result>
            <result name="success">/welcome.jsp</result>
        </action>
    </package>
</struts>
```

上面配置文件中粗体字代码包含了两个支持模式匹配的 Action，如果浏览器发出的
URL 为 RegistAction.action 的请求，该请求不是由第二个 Action 来处理，而是被第一个
Action(即 FirstAction 类)处理的。

将上面的 struts.xml 文件修改成如下形式：

```
<?xml version="1.0" encoding="GBK"?>
<!DOCTYPE struts PUBLIC
    "-//Apache Software Foundation//DTD Struts Configuration 2.3//EN"
    "http://struts.apache.org/dtds/struts-2.3.dtd">
<struts>
    <package name="default" extends="struts-default">
        <!--配置 name="*Action"的第一个 Action -->
        <action name="*Action" class="example.TwoAction">
            <result name="success">/welcome.jsp </result >
        </action>
        <!--配置 name="*"的第二个 Action -->
        <action name="*" class="example.FirstAction">
            <result name="success">/welcome.jsp </result >
        </action>
        <!--配置 name 为 LoginAction 的第三个 Action -->
        <action name="LoginAction" class="example. LoginAction">
```

```
            <result name="input">/login.jsp</result>
            <result name="error">/error.jsp</result>
            <result name="success">/welcome.jsp</result>
        </action>
    </package>
</struts>
```

同样如果有 RegistAction.action 请求，则由 TwoAction 来处理。

通过对比上面的配置文件，可以得出如下规律：假定有 URL 为 abcAction.action 的请求，如果 struts.xml 文件中有名为 abcAction 的 Action，则一定由该 Action 来处理用户请求；如果 struts.xml 文件中没有名为 abcAction 的 Action，则搜寻 name 属性值能匹配 abcAction 的 Action。例如 name 为 *Action 或*。注意，*Action 并不会比*更优先匹配 abcAction 的请求，而是先找到哪个 Action，就由哪个 Action 来处理用户请求。

6.3　配置处理结果

Action 只是 Struts 2 控制器的部分，所以它不能直接生成对浏览者的响应。Action 只负责处理请求，负责生成响应的视图组件，通常就是 JSP 页面，面 Action 会为 JSP 页面提供显示的数据。当 Action 处理用户请求结束后，控制器应该使用哪个视图资源生成响应呢？这就必须使用<result.../>元素进行配置，该元素定义逻辑视图名和物理视图资源之间的映射关系。

6.3.1　理解处理结果

Action 处理完用户请求后，将返回一个普通字符串，整个普通字符串就是一个逻辑视图名。Struts 2 通过配置逻辑视图和物理视图资源之间的映射关系，一旦系统收到 Action 返回的某个逻辑视图名，系统就会把对应的物理视图呈现给浏览者。

如图 6-4 所示，Action 处理完用户请求后，并未直接将请求转发给任何具体的视图资源，而是返回一个逻辑视图(这个逻辑视图只是一个普通的字符串)，Struts 2 框架收到这个逻辑视图后，把请求转发到对应的视图资源，视图资源将处理结果呈现给用户。

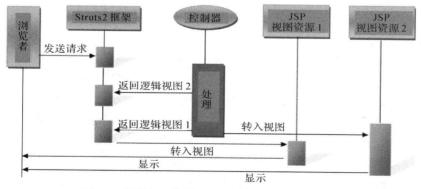

图 6-4　浏览者、控制器和视图资源之间的顺序图

相对 Struts 1 框架而言，Struts 2 的逻辑视图不再是 ActionForward 对象，而是一个普通字符串，这样的设计更有利于将 Action 类与 Struts 2 框架分离，提供了更好的代码复用性。

除此之外，Struts 2 还支持多种结果映射：Struts 2 框架将处理结果转向实际资源时，实际资源不仅可以是 JSP 视图资源，也可以是 FreeMarker 视图资源，甚至可以将请求转给下一个 Action 处理，形成 Action 的链式处理。

6.3.2　配置结果

Struts 2 的 Action 处理用户请求结束后，返回一个普通字符串——逻辑视图名，必须在 struts.xml 文件中完成逻辑视图和物理视图资源之间的映射关系，才可以让系统转到实际视图资源。

简单地说，配置结果是告诉 Struts 2 框架：当 Action 处理结束时，系统下一步将做什么，系统下一步应该调用哪个物理视图资源来显示处理结果。

Struts 2 在 struts.xml 文件中使用<result>元素所在的位置不同，Struts 2 提供了两种结果。

局部结果：将<result>作为<action>元素的子元素配置。

全局结果：将<result>作为<global-results>元素的子元素配置。

全局结果将在后面进行介绍，本节只介绍局部结果。局部结果是通过在<action>元素定义<result>子元素进行配置的，一个<action>元素可以有多个<result>子元素，这表示一个 Action 可以对应多个结果。

配置<result>元素时通常需要指定如下两个属性：

name：该属性指定所配置的逻辑视图名。

type：该属性指定结果类型。

最典型的<result>配置片段如下：

```
<action name="Login"class="example.LoginAction">
    <!-- 为 success 的逻辑视图配置 Result，type 属性指定结果类型 -->
    <result name="success" type="dispatcher">
        <!-- 指定该逻辑视图对应的实际视图资源 -->
        <param name="location">/thank_you.jsp</param>
    </result>
</action>
```

上面的<result>元素使用了最烦琐的形式，既指定了需要映射的逻辑视图名(success)，也指定了结果类型(dispatcher)，并使用子元素的形式来指定实际视图资源。上面的粗体字代码指定：当 Action 返回名为"success"的逻辑视图名时，系统将转到 thank_you.jsp 页面。

对于上面使用<param>子元素配置结果的形式，其中<param>元素配置的参数名由 name 属性指定，此处的 name 属性可以为如下两个值：

location：参数指定了逻辑视图所对应的实际视图资源。

parse：该参数指定是否允许在实际视图名字中使用 OGNL 表达式，其参数值默认为

true。

　　如果设置该参数值为 false，则不允许在实际视图名中使用表达式。通常无须修改该属性值。因为通常无须指定 parse 参数的值，所以常采用如下简化形式来配置实际视图资源：

```
<action name="Login" class="example.LoginAction">
    <!-- 为 success 的逻辑视图配置 Result，type 属性指定结果类型 -->
    <result name="success" type="dispatcher">/thank_you.jsp</result>
</action>
```

　　显然，这种直接给出视图资源的形式比前面使用子元素的形式简洁。

　　除此之外，Struts 2 还允许省略指定结果类型，即可改写成如下形式：

```
<action name="Login" class="example.LoginAction">
    <!-- 为 success 的逻辑视图配置 Result，省略 type 属性 -->
    <result name="success">/thank_you.jsp</result>
</action>
```

　　在这个时候，系统将使用默认的结果类型。Struts 2 默认的结果类型就是 dispatcher(用于 JSP 整合的结果类型)。

　　不仅如此，Struts 2 还可以省略逻辑视图名，即改写成如下形式：

```
<action name="Login" class="example.LoginAction">
    <!-- 配置默认结果，省略 type 属性 -->
    <result >/thank_you.jsp</result>
</action>
```

　　如果省略了<result.../>元素的 name 属性，则系统采用默认的 name 属性值。默认的 name 属性值为 success。因此，即使不给出逻辑视图名 success，系统也一样会为 success 逻辑视图配置结果。

6.3.3　Struts 2 支持的结果类型

　　Struts 2 支持使用多种视图技术，如 JSP、Velocity 和 FreeMarker 等。当一个 Action 处理用户请求结束后仅返回一个字符串，这个字符串是逻辑视图名。直到在 struts.xml 文件中配置物理逻辑视图资源之前，该逻辑视图均未与任何的视图技术及任何的视图资源关联。

　　结果类型决定了 Action 处理结束后将调用哪种视图资源来呈现处理结果。

　　Struts 2 的结果类型要求实现 com.opensymphony.xwork2.Result，这个结果是所有结果类型的通用接口。如果需要自己的结果类型，则需提供一个实现该接口的类，并且在 struts.xml 文件中配置该结果类型。

　　Struts 2 默认提供了一系列的结果类型，下面是 struts-default.xml 配置文件的配置片段：

```
<!-- 配置系统支持的结果类型 -->
<result-types>
<!-- Action 链式处理的结果类型 -->
<result-type name="chain" class="com.opensymphony.xwork2.ActionChainResult"/>
```

```
<!-- 用于与 JSP 整合的结果类型 -->
<result-type
name="dispatcher" class="org.apache.struts2.dispatcher.ServletDispatcherResult" default="true"/>
<!-- 用于与 FreeMarker 整合的结果类型 -->
<result-type name="freemarker"
class="org.apache.struts2.views.freemarker.FreemarkerResult"/>
<!-- 用于控制特殊的 HTTP 行为的结果类型 -->
<result-type name="httpheader"
class="org.apache.struts2.dispatcher.HttpHeaderResult"/>
<!-- 用于直接跳转到其他 URL 的结果类型 -->
<result-type name="redirect"
class="org.apache.struts2.dispatcher.ServletRedirectResult"/>
<!-- 用于直接跳转到其他 Action 的结果类型 -->
<result-type name="redirectAction"
class="org.apache.struts2.dispatcher.ServletActionRedirectResult"/>
<!-- 用于向浏览器返回一个 InputStream 的结果类型 -->
<result-type name="stream" class="org.apache.struts2.dispatcher.StreamResult"/>
<!-- 用于整合 Velocity 的结果类型 -->
<result-type name="velocity" class="org.apache.struts2.dispatcher.VelocityResult"/>
<!-- 用于整合 XML/XSLT 的结果类型 -->
<result-type name="xslt" class="org.apache.struts2.views.xslt.XSLTResult"/>
<!-- 用于显示某个页面原始代码的结果类型 -->
<result-type name="plainText" class="org.apache.struts2.dispatcher.PlainTextResult" />
</result-types>
```

从上面配置文件可以看出：每一个<result-type.../>元素定义一个结果类型，<result.../>元素中的 name 属性指定了该结果类型的名字，class 属性指定了该结果类型的实现类。

除此之外，还可以在 struts2-jfreechart-plugin-2.3.4.1.jar 的 struts-plugin.xml 文件中看到如下配置片段：

```
<package name="jfreechart-default" extends="struts-default">
    <result-types>
      <result-type name="chart"
          class="org.apache.struts2.dispatcher.ChartResult">
          <param name="height">150</param>
          <param name="width">200</param>
      </result-type>
    </result-types>
</package>
```

从上面配置片段可以看出：增加 struts2-jfreechart-plugin-2.3.4.1.jar 插件后，Struts 2 又可额外增加新的结果类型。事实是：Struts 2 提供了极好的扩展性，它允许自定义结果类型，如果业务有需要，完全可以自定义结果类型。但这种情况很少见。

除此之外，我们看到配置 dispatcher 结果类型时，指定了 default="true"属性，该属性表明该结果类型是默认的结果类型——这也是在定义<result>元素时，如果省略了 type 属性，则默认 type 属性为 dispatcher 的原因。

如果不算 Struts 2 插件所支持的结果类型，Struts 2 内建的支持结果类型如下：

chain 结果类型：Action 链式处理的结果类型。

dispatcher 结果类型：用于指定使用 JSP 作为视图的结果类型。

freemarker 结果类型：用于指定使用 FreeMarker 模板作为视图的结果类型。

httpheader 结果类型：用于控制特殊的 HTTP 行为的结果类型。

redirect 结果类型：用于直接跳转到其他 URL 的结果类型。

redirectAction 结果类型：用于直接跳转到其他 Action 的结果类型。

stream 结果类型：用于向浏览器返回一个 InputStream(一般用于文件下载)。

velocity 结果类型：用于指定使用 Velocity 模板作为视图的结果类型。

xslt 结果类型：用于与 XML/XSLT 整合的结果类型。

plainText 结果类型：用于显示某个页面的原始代码的结果类型。

其中 dispatcher 结果类型是默认的类型，主要用于 JSP 页面整合；其他大部分结果类型会在后面有更详细的介绍。

6.3.4　plainText 结果类型

plainText 结果类型不常用，因为它的作用太过局限：它主要用于显示实际视图资源的源代码。我们以 plainText 类型为例子，看看如何使用结果类型。先看如下简单的 Action 类：

```
public class LoginAction extends ActionSupport
{
    //封装用户请求参数的属性
    private String username;
    //username 属性对应的 setter 和 getter 方法
    public String getUsername()
    {
        return username;
    }
    public void setUsername(String username)
    {
        this.username = username;
    }
    //Action 默认包含的控制逻辑
    public String execute() throws Exception
    {
```

```
        return SUCCESS;
    }
```

上面的 Action 类并未真正处理用户请求，它只是简单返回了一个 success 的逻辑视图。在 struts.xml 文件中配置该 Action，如果采用如下配置片段：

```
<?xml version="1.0" encoding="GBK"?>
<!DOCTYPE struts PUBLIC
    "-//Apache Software Foundation//DTD Struts Configuration 2.3//EN"
    "http://struts.apache.org/dtds/struts-2.3.dtd">
<struts>


    <!-- 配置了一个 package 元素 -->
    <package name="struts2_ch02_login" extends="struts-default">
        <action name="login" class="example.LoginAction">
            <!-- 指定 Result 的类型为 plainText 类型 -->
            <result type="plainText">
                <!--指定实际的视图资源 -->
                <param name="location">/welcome.jsp</param>
                <!--指定使用指定的字符集来处理页面代码 -->
                <param name="charSet">GBK</param>
            </result >
        </action>
    </package>
</struts>
```

在上面配置片段中，配置<result…/>元素时，并未指定<result…/>元素的 name 属性，意味着 name 属性值为 success；上面粗体字代码显示指定了 type 属性值为 plainText 类型，plainText 结果类型指定将视图资源当成普通文本处理，所以该结果类型会导致输出页面源代码。该结果指定的视图资源——welcome.jsp 页面的代码如下：

```
<%@ page language="java" contentType="text/html; charset=utf-8"%>
<%@ taglib prefix="s" uri="/struts-tags" %>
<!DOCTYPE html PUBLIC "-//W3C//DTD HTML 4.01 Transitional//EN"
    "http://www.w3.org/TR/html4/loose.dtd">
<html>
<head>
<meta http-equiv="Content-Type" content="text/html; charset=utf-8">
<title>欢迎</title>
</head>
<body>
  <center>
    <s:property value="username"/>
```

```
        </center>
    </body>
</html>
```

这个页面非常简单，仅仅在页面中输出 Action 实例的 username 属性值。如果用户输入任意的 username 请求参数，然后单击"提交"按钮，将看到如图 6-5 所示的页面。

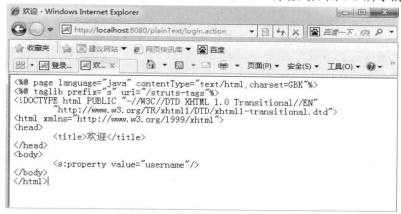

图 6-5　直接输出页面源代码的结果类型

修改上面 struts.xml 文件中的<result/>元素，例如修改成如下简单形式：

```
<!-- 下面配置片段指定使用 dispatcher 结果类型，
当返回 success 结果时使用 welcome.jsp 页面作为视图资源 -->
<result name="success">/welcome.jsp</result>
```

在服务器端重新加载 Web 应用，在页面中输入任意的 username 属性值，然后单击"提交"按钮，将看到如图 6-6 所示的页面。

图 6-6　正常显示的结果类型

正如图 6-6 显示的，如果使用 plainText 结果类型必须指定 charSet 参数，该参数指定输出页面所用的字符集。

使用 plainText 结果类型时可指定如下参数：

① location：指定实际的实图资源。

② charSet：指定输出页面时所用的字符集。

6.3.5　动态结果

动态结果的含义是在指定实际视图资源时使用了表达式语法，通过这种语法可以允许

Action 处理完用户请求后，动态转入实际的视图资源。

前面介绍 Action 配置时说过，可以通过在 Action 的 name 属性中使用通配符，在 class 或 method 属性中使用表达式。通过这种方式，允许 Struts 2 根据请求来动态决定 Action 的处理类，以及动态决定处理方法。除此之外，也可以在配置<result>元素时使用表达式语法，从而允许根据请求动态决定实际资源。

看下面的配置片段：

```
<action name="crud_*" class="example.CrudAction"method="{1}">
    <result name="input">/input.jsp</result>
    <result>/{1}.jsp</result>
</action>
```

上面配置片段有一个 name="crud_*"的 Action，这个 Action 可以处理所有匹配 crud_*.action 模式的请求。例如有一个 crud_create.action 的请求，系统将调用 example.CrudeAction 类的 create 方法来处理用户请求。当 Action 处理用户请求结束后，配置两个结果：当处理结果为 create.jsp 页面——这个视图资源是动态生成的，因为 crud_create 匹配 crud_*模式时，第一个星号(*)的值是 create 因此/{1}.jsp 的表达式返回值为 create，即对应 create.jsp 资源。

与配置 class 属性和 method 属性相比，配置<result>元素时允许使用 OGNL 表达式，这种用法允许根据 Action 属性值来定位物理视图资源。

6.3.6　Action 属性值决定视图资源

配置<result>元素时，不仅可以使用${0}表达式形式来指定视图资源，还可以使用${属性名}的方式来指定视图资源。在后面这种配置方式下，${属性名}里的属性名对应的是 Action 实例里的属性。而且，不仅允许使用这种简单的表达式形式，还允许使用完全的 OGNL 表达式，即使用如下形式：${属性名. 属性名. 属性名}。

见如下配置片段：

```
<package name="skill" extends="default" namespace="/skill">
    ...
<!-- 配置了一个名为 saveAction，该 Action 的处理类为 SkillsAction，处理方法为 save -->
<action name="save" class="org.apache.struts 2.showcase.aceion.skillAction"
method="save">
<result name="input">/empmanager/editsSkill.jsp</result>
<!--使用 OGNL 表达式来指定结果资源 -->
<result type="redirect">edit.aceion?skillName=${currentSkill.name}
    </result>
    </action>
    <!-- 配置了一个名为 delete 的 Action，该 Action 的处理类为 SkillsAction，处理方法为 delete -->
    <action name="delete"
class="org.apache.struts 2.showcase.aceion.skillAction"
method="delete">
```

```
<result name="error">/empmanager/editsSkill.jsp</result>
<!--使用 OGNL 表达式来指定结果资源 -->
<result type="redirect">edit.aceion?skillName=${currentSkill.name}</result>
</action>

    …

</package>
```

在上面的配置片段中，使用了${currentSkill.name}表达式来指定结果视图资源。对于上面的表达式语法，要求在对应的 Action 实例里包含 currentSkill 属性，且 currentSkill 属性必须包含 name 属性，否则，${currentSkill.name}表达式值将为 null。下面示范一个简单的应用，这个应用可以在输入请求资源后令系统自动跳转到对应的资源。

该应用的输入页面如图 6-7 所示。

图 6-7　转向的输入页面

页面 paramResult.jsp 代码如下：

```
<%@ page language="java" contentType="text/html; charset=utf-8"%>
<%@ taglib prefix="s" uri="/struts-tags" %>
<!DOCTYPE html PUBLIC "-//W3C//DTD HTML 4.01 Transitional//EN"
 "http://www.w3.org/TR/html4/loose.dtd">
<html>
<head>
<meta http-equiv="Content-Type" content="text/html; charset=utf-8">
<title>转向页面测试</title>
</head>
<body>
 <center>

<form name="form1" action="paramResult.action" method="post">
<table width="500" border="0" align="center" cellspacing="0">
  <tr>
    <td width="300">转入页面：</td>
    <td width="200"><input name="pagename" type="text" size="21"></td>
```

```
    </tr>
    <tr>
      <td>注意：</td>
      <td>应使用 welcome 页面，系统只提供 welcome 页面</td>
    </tr>
    <tr>
      <td colspan="2">
        <div align="center">
            <input type="submit" name="submit" value="转入">
        </div>
      </td>
    </tr>
  </table>
</form>


  </center>
</body>
</html>
```

处理该请求的 Action 非常简单，它只提供了一个属性来封装请求参数，并提供了一个参数来封装处理后的提示。下面是该 Action 类的代码：

```
public class ParamResultAction extends ActionSupport
{
    private String pagename;
    private String target;

    public String getPagename() {
        return pagename;
    }

    public void setPagename(String pagename) {
        this.pagename = pagename;
    }

    public String getTarget() {
        return target;
    }

    public void setTarget(String target) {
        this.target = target;
```

```
    }

    public String execute() throws Exception
    {
        //设置跳转的页面变量
    setTarget(getPagename());
    return SUCCESS;
    }
}
```

上面的 execute 方法总是返回一个 SUCCESS 常量，即总是返回 success 字符串。然后在 struts.xml 文件中配置 Action，具体配置文件如下：

```
<?xml version="1.0" encoding="GBK"?>
<!DOCTYPE struts PUBLIC
    "-//Apache Software Foundation//DTD Struts Configuration 2.3//EN"
    "http://struts.apache.org/dtds/struts-2.3.dtd">
<struts>

    <!--  配置了一个 package 元素  -->
    <package name="struts2_ch02_login" extends="struts-default">
        <action name="paramResult" class="example.ParamResultAction">
            <result>/${target}.jsp</result>
        </action>

    </package>
</struts>
```

上面代码指定实际物理资源时，使用了/${target}.jsp 表达式来指定视图资源，这要求在对应 Action 类里应包含 target 属性(该属性值将决定实际的视图资源)。

若浏览者在如图 6-7 所示页面的输入框中输入 welcome 字符串，并单击"转入"按钮，即可跳转到/welcome.jsp 页面，看到如图 6-8 所示的页面。

图 6-8　根据参数决定视图页面

也可以在图 6-8 所示的页面中输入任意字符串，然后执行跳转。例如输入 abc 字符串，系统将转入/abc.jsp 页面。系统没有提供 abc.jsp 的视图资源，因此将看到如图 6-9 所示的页面。

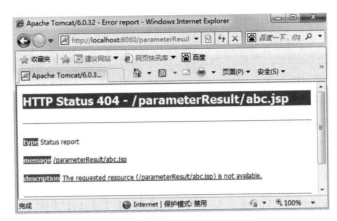

图 6-9　找不到视图资源的页面

6.3.7　全局结果

前面已经提到了，Struts 2 的<result>元素也可放在<global-results>元素中配置，当在
<global-results>元素中配置<result>元素时，该<result>元素配置了一个全局结果，全局结果
将对所有的 Action 都有效。

将前一个应用的 struts.xml 配置文件改为如下形式：

```
<?xml version="1.0" encoding="GBK"?>
<!DOCTYPE struts PUBLIC
"-//Apache Software Foundation//DTD Struts Configuration 2.3//EN"
"http://struts.apache.org/dtds/struts-2.3.dtd">
<struts>

   <!-- 配置了一个 package 元素 -->
<package name="struts2_ch02_login" extends="struts-default">
        <!-- 定义全局结果 -->
        <global-results>
        <!--  下面定义的结果对所有的 Action 都有效   -->
          <result name="success">/${target}.jsp </result >
        </global-results >

        <!--配置处理用户请求的 Action-->
        <action name="paramResult" class="example.ParamResultAction">
        </action>

   </package>
   </struts>
```

上面配置片段配置了一个 Action，但在该 Action 内没有配置任何的结果——但这不会影响系统的运转，因为提供了一个名为 success 的全局结果，而这个全局结果对所有 Action 都有效。

如果一个 Action 里包含了与全局结果同名的结果，则 Action 里的局部 Result 会覆盖全局 Result。也就是说，当 Action 处理用户请求结束后，会在 Action 的局部结果里搜索逻辑视图对应的结果，若找不到逻辑视图对应的结果，则会在全局结果里搜索。

6.4　拦　截　器

Struts 2 另一核心技术是拦截器，英文名为 Interceptor。它原来是 WebWork 框架中一个很好的支持国际化、校验、类型转换的工具。现在 WebWork 和 Struts 合并成 Struts 2，拦截器也理所当然地成为了 Struts 2 的一部分。

拦截器本身是一个普通的 Java 对象，它的功能是动态拦截 Action 调用，在 Action 执行前后执行拦截器本身提供的各种各样的 Web 项目需求。它可以阻止 Action 的执行，也可以提取 Action 中可复用的部分。

如果把 Struts 2 理解成一个空容器，那么大量的内建拦截器则完成了该框架的大部分操作。比如，params 拦截器负责解析 HTTP 请求参数，并设置 Action 属性；servlet-config 拦截器直接将 HTTP 请求中的 HttpServletRequest 实例和 HttpServletResponse 实例传给 Action；fileUpload 拦截器则负责解析请求参数中的文件域，并将一个文件域设置成 Action 的 3 个属性等，这些操作都是通过 Struts 2 的内建拦截器完成的。

Sturts 2 拦截器是可插拔式的设计：使用某个拦截器时，只需要在配置文件中应用该拦截器即可；如果不需要使用某拦截器，则需要在配置文件中取消该拦截器——不管是否应用某个拦截器，对于 Struts 2 框架都不会有任何影响。

Struts 2 拦截器由 struts-default.xml、struts.xml 等配置文件管理，所以开发者可以很容易地扩展自己需要的拦截器。

6.4.1　Struts 2 内建的拦截器

从 Struts 2 框架来看，拦截器几乎完成了 Struts 2 框架 70％的工作，包括解析请求参数、将请求参数赋值给 Action 属性、执行数据校验、文件上传等。

Struts 2 内建了大量拦截器,这些拦截器以 name-clsaa 对的形式配置在 struts-default.xml 文件中，其中 name 是拦截器的名字，它是使用拦截器的唯一标识；class 则指定了拦截器的实现类。

以下是 Struts-default.xml 文件中关于拦截器的部分配置：

```
<interceptors>
    <interceptor name="alias"
        class="com.opensymphony.xwork2.interceptor.AliasInterceptor"/>

        …
```

```
<interceptor name="roles"
class="org.apache.struts2.interceptor.RolesInterceptor" />


<!-- 基础栈 -->
  <interceptor-stack name="basicStack">
   <interceptor-ref name="exception"/>
    <interceptor-ref name="servletConfig"/>
    <interceptor-ref name="prepare"/>
    <interceptor-ref name="checkbox"/>
    <interceptor-ref name="params"/>
    <interceptor-ref name="conversionError"/>
  </interceptor-stack>


<!-- 校验和工作流栈 -->
<interceptor-stack name="validationWorkflowStack">
    <interceptor-ref name="basicStack"/>
    <interceptor-ref name="validation"/>
    <interceptor-ref name="workflow"/>
</interceptor-stack>


<!-- 文件上传栈-->
<interceptor-stack name="fileUploadStack">
    <interceptor-ref name="fileUpload"/>
    <interceptor-ref name="basicStack"/>
</interceptor-stack>


<!-- 模型驱动栈   -->
<interceptor-stack name="modelDrivenStack">
    <interceptor-ref name="modelDriven"/>
    <interceptor-ref name="basicStack"/>
</interceptor-stack>


<!-- action 链栈 -->
<interceptor-stack name="chainStack">
    <interceptor-ref name="chain"/>
    <interceptor-ref name="basicStack"/>
</interceptor-stack>


<!-- i18n 国际化栈 -->
```

```
<interceptor-stack name="i18nStack">

    <interceptor-ref name="i18n"/>

    <interceptor-ref name="basicStack"/>

</interceptor-stack>


…………


</interceptors>
```

说明如下：

(1) 在 XML 配置文件中配置拦截器和拦截器栈都是以"<interceptors>"开头，以"</interceptors>"结尾的。

(2) 配置拦截器的格式如上面代码所示以"<interceptor/>"格式显示，其中两个属性 name 是拦截器名字，另一个是对应的类路径。

(3) 拦截器栈的格式以"<interceptor-stack >"开头，以"</interceptor-stack>"结尾。其中属性 name 是拦截器栈名字。在"<interceptor-stack >"和"</interceptor-stack>"之间可以设置拦截器。如代码所示格式为"<interceptor-ref />"，其中 name 属性也是拦截器名字。

注意：拦截器栈中不但可以配置拦截器，还可以配置拦截器栈。比如在"validationWorkflowStack"拦截器栈中就配置了"basicStack"拦截器栈。这样的话，配置的子拦截器栈中的拦截器也会被执行。这类似于父集合和子集合。

(4) 针对 struts-default.xml 文件中各个拦截器配置，进行以下介绍，在实际应用中，这些拦截器都是会被执行的默认缺省项。

alias：对于 HTTP 请求包含的参数设置别名。

autowiring：将某些 JavaBean 实例自动绑定到其他 Bean 对应的属性中。有点类似 Spring 的自动绑定。

Chain：在 Web 项目开发中，以前使用 Struts 开发时候经常碰到两个 Action 互相传递参数或属性的情况。该拦截器就是让前一 Action 的参数可以在现有 Action 中使用。

conversionError：从 ActionContext 中将转化类型时候发生的错误添加到 Action 的值域错误中，在校验时候经常被使用到来显示类型转化错误的信息。

cookie：从 Struts2.0.7 版本开始，可以把 cookie 注入 Action 中可设置的名字或值中。

createSession：自动创建一个 HTTP 的 Session，尤其是对需要 HTTP 的 Session 的拦截器特别有用。比如下面介绍的 TokenInterceptor。

debugging：用来对在视图间传递的数据进行调试。

ExecAndWait：不显式执行 Action，在视图上显示给用户的是一个正在等待的页面，但是 Action 其实是在"背后"正在执行着。该拦截器尤其在对进度条进行开发的时候特别有用。

exception：将异常和 Action 返回的 result 相映射。

fileUpload：支持文件上传功能的拦截器。

i18n：支持国际化的拦截器。

logger：拥有日志功能的拦截器。

modelDriven：Action 执行该拦截器时候，可以将 getModel 方法得到的 result 值放入值栈中。

scopedModelDriven：可以通过调用 setModel 的方法设置 model 值。

params：将 HTTP 请求中包含的参数值设置到 Action 中。

prepare：假如 Action 继承了 Preparable 接口，则会调用 prepare 方法。

staticParams：对于在 struts.xml 文件中 Action 中设置的参数设置到对应的 Action 中。

scope：在 session 或者 application 范围中设置 Action 的状态。

servletConfig：该拦截器提供访问包含 HttpServletResquest 和 HttpServletResponse 对象的 Map 的方法。

timer：输出 Action 的执行时间。

token：避免重复提交的校验拦截器。

tokenSession：和 token 拦截器类似，但其能将提交的数据存储到 session 里。

validation：运行在 action-validation.xml(校验章节将介绍)文件中的校验规则。

workflow：在 Action 中调用 validate 校验方法。如果 Action 有错误则返回到 input 视图。

store：执行校验功能时候，该拦截器提供存储和检索 Action 的所有错误和正确信息的功能。

checkbox：视图中如果有 checkbox 存在的情况，该拦截器自动将 unchecked 的 checkbox 当作一个参数(通常值为“false”)记录下来。这样可以用一个隐藏的表单值来记录所有未提交的 checkbox，而且缺省 unchecked 的 checkbox 值是布尔类型的，如果视图中 checkbox 的值设置的不是布尔类型，它就会被覆盖成布尔类型的值。

profiling：通过参数来激活或不激活分析检测功能，前提是 Web 项目是在开发模式下(在涉及调试和性能检验时使用)。

roles：进行权限配置的拦截器，有登录用户拥有某相应权限时才去执行某一特定 Action。

大部分的时候，开发者不用手动控制这些拦截器，因为 struts-default.xml 文件中已经配置了这些拦截器，只要我们定义的包继承了系统的 struts-default 包，就可以直接使用这些拦截器。

6.4.2　配置拦截器

在 struts.xml 文件中定义拦截器只需为拦截器类指定一个拦截器名，就完成了拦截器定义。定义拦截器使用<interceptor.../>元素中使用<param.../>子元素。下面是在配置拦截器时，同时传入拦截器参数的配置形式。

```
<!-- 通过指定拦截器名和拦截器实现类来定义拦截器 -->
<interceptor name="拦截器名" class="拦截器实现类"/>
```

大部分的时候，只需要通过上面的格式就可以完成拦截器的配置。如果需要在配置拦截器时传入拦截器参数，则需要在<interceptor.../>元素中使用<param.../>子元素。下面是在配置拦截器时，同时传入拦截器参数的配置形式。

<!-- 通过指定拦截器名和拦截器实现类来定义拦截器 -->

<interceptor name="拦截器名" class="拦截器实现类"/>

<!-- 下面元素可以出现 0 次，也可以无限多次

其中 name 属性指定需要设置的参数名，中间指定的就是该参数的值 -->

<param name="参数名">参数值<param>

</ interceptor >

　　除此之外，还可以把多个拦截器连在一起组成拦截器栈。例如，如果需要在 Action 执行前同时做登录检查、安全检查和记录日志，则可以把这三个动作对应的拦截器组成一个拦截器栈。定义拦截器栈使用<interceptor-stack.../>元素，拦截器栈是由多个拦截器组成的，因此需要在 <interceptor-stack.../>元素中使用 <interceptor-stack.../> 元素来定义多个拦截器引用，即该拦截器栈由多个<interceptor-stack.../>元素指定的拦截器组成。

　　配置拦截器栈的语法示例如下：

<interceptor-stack name="拦截器栈名">

<interceptor-ref name="拦截器一"/>

　　<interceptor-ref name="拦截器二"/>

　　<!-- 还可以配置更多的拦截器 -->

　　…

</interceptor-stack>

　　上面的配置片段示例，配置了一个名为"拦截器栈名"的拦截器栈，这个拦截器由下面的"拦截器一"和"拦截器二"组成，当然还可以包含更多的拦截器，只需要在<interceptor-stack.../>元素下配置更多的<interceptor-stack.../>子元素即可。

　　因此拦截器栈与拦截器的功能几乎完全相同，因此可能出现的情况是：拦截器栈里也可包含拦截器栈。因此，可能出现如下的配置片段：

<interceptor-stack name="拦截器栈名">

<interceptor-ref name="拦截器一"/>

　　<interceptor-ref name="拦截器二"/>

　　<!-- 还可以配置更多的拦截器 -->

　　…

</interceptor-stack>

<interceptor-stack name="拦截器栈二">

<interceptor-ref name="拦截器三"/>

　　<interceptor-ref name="拦截器一"/>

　　<!-- 还可以配置更多的拦截器 -->

　　…

</interceptor-stack>

　　在上面的配置片段中，第二个拦截器栈包含了第一个拦截器栈(包含两个拦截器)，其实质的情况就是拦截器栈二由 3 个拦截器组成：拦截器一、拦截器二和拦截器三。

　　那么为什么不直接在拦截器栈二中配置 3 个拦截器的引用，而要引用另一个拦截器栈

呢？答案是为了软件复用。因为系统中已经存在了一个名为"拦截器栈一"的拦截器栈，这个拦截器栈由两个拦截器组成，当需要再次使用这两个拦截器时，直接调用该拦截器栈即可，无须分别调用两个拦截器。而且，这两个拦截器组成的拦截器栈也可以单独使用。

系统为拦截器指定参数有两个时机：

① 定义拦截器时指定参数值：这种参数值将作为拦截器参数的默认参数值。

② 使用拦截器时指定参数值：在配置 Action 时为拦截器参数指定值。

通过元素增加子元素，就可以在使用拦截器时为参数指定值。

下面是在配置拦截器栈时为拦截器动态指定参数值的语法示意。

```
<interceptor-stack name="拦截器栈一">
<interceptor-ref name="拦截器一"/>
        <!-- 下面为拦截器分别定义了两个参数值 -->
<param name="参数名">参数值<param>
<param name="参数名">参数值<param>
<!-- 还可以配置更多的拦截器 -->
            …
</interceptor-stack>
<interceptor-ref name="拦截器二"/>
<!-- 还可以配置更多的拦截器 -->
            …
</interceptor-stack>
<interceptor-stack name="拦截器栈二">
<interceptor-ref name="拦截器三"/>
    <interceptor-ref name="拦截器一"/>
    <!-- 还可以配置更多的拦截器 -->
        …
</interceptor-stack>
```

如果在两个时机为同一个参数指定了不同的参数值，则使用拦截器时指定的参数值将会覆盖默认的参数值。

6.4.3 自定义拦截器

在 Struts 2 中要编写拦截器类，必须实现 com.opensymphony.xwork2.interceptor.Interceptor 接口，此接口定义了如下 3 个方法：

① void init()。该方法在拦截器实例创建之后，intercept()方法被调用之前调用，用于初始化连接器所需要的资源，例如数据库连接的初始化。该方法只执行一次。

② void destroy()。该方法在拦截器实例被销毁之前调用，用于释放在 init()方法中分配的资源，该方法只执行一次。

③ String intercept(ActionInvocation invocation) throws Exception。该方法在 Action 执行

之前被调用，拦截器 Action 提供的附加功能在该方法中实现。利用 invocation 参数，可以获取 action 执行的状态。在 intercept()方法中，如果需要继续执行后续的部分(包括余下的应用于 Action 的拦截器，Action 和 Result)，可以调用 invocation.invoke()。如果要终止后续的执行，可以直接返回一个结果码，框架将根据这个结果码来呈现对应的结果视图。

我们看一个自定义拦截器的例子，代码如下：

```java
public class ExampleInterceptor implements Interceptor {
    //设置新参数
    private String newParam;

    public String getNewParam() {
        return newParam;
    }

    public void setNewParam(String newParam) {
        this.newParam = newParam;
    }

    public void destroy() {
        System.out.println("end doing...");
    }

    //拦截器初始方法
    public void init() {
        System.out.println("start doing...");
        System.out.println("newParam is:"+newParam);
    }

    //拦截器拦截方法
    public String intercept(ActionInvocation arg0) throws Exception {
        System.out.println("start invoking...");
        String result = arg0.invoke();
        System.out.println("end invoking...");
        return result;
    }
}
```

这是一个非常简单的拦截器，用于输出 Action 执行花费的时间。在 invocation.invoke()调用的前后，你可以添加自己的逻辑代码。invocation.invoke()调用之前的代码将在 Action 执行之前执行，invacation.invoke()调用之后的代码将在 Action 执行之后执行。

为了简化拦截器的开发，Struts 2 还提供了一个抽象类：

com.opensymphony.xwork2.interceptor.AbstractInterceptor

它实现了 Interceptor 接口，并给出 init()和 destroy()方法的空实现。也可以选择继承 AbstractInterceptor 类，编写的拦截器类如果不需要 init()和 destroy()方法，那么只需重写 intercept()方法就可以了。

在 struts.xml 文件中配置拦截器。

```xml
<?xml version="1.0" encoding="GBK"?>
<!DOCTYPE struts PUBLIC
"-//Apache Software Foundation//DTD Struts Configuration 2.3//EN"
"http://struts.apache.org/dtds/struts-2.3.dtd">
<struts>


    <!--  配置了一个 package 元素  -->
    <package name="struts2_ch02_login" extends="struts-default">


        <!-- 拦截器配置定义 -->
      <interceptors>
          <interceptor name="example"
             class="example.ExampleInterceptor">
             <!-- 参数设置 -->
             <param name="newParam">test</param>
          </interceptor>
      </interceptors>


      <action name="login" class="example.LoginRegistAction">
          <result name="input">/longin.jsp</result>
        <result name="error">/error.jsp</result>
        <result name="success">/welcome.jsp</result>
            <!-- Action 中拦截器定义 -->
        <interceptor-ref name="example">
        <!-- 改变拦截器参数值 -->
            <param name="newParam">example</param>
        </interceptor-ref>
      </action>


    </package>
    </struts>
```

第 7 章　Struts 2 标签库

在早期的 Web 开发中，JSP 视图控制和显示技术主要是依靠 Java 脚本来实现的，因此 JSP 页面中嵌入了大量的 Java 脚本代码，这给开发带来了极大的不便，于是标签应运而生。从 JSP 1.1 之后，JSP 增加了自定义标签库的支持。

7.1　Struts 2 标签库简介

Struts 2 标签库是框架的一部分，是为了解决页面显示数据、封装简单页面逻辑而产生的类似 HTML 标记的组件。通过标签库，可以将复杂的 Java 脚本代码封装在组件中，开发者只需要使用简单的代码就可以实现复杂的 Java 脚本功能。实现了 Java 脚本的复用，提高了开发者的工作效率。

要使用 Struts 2 标签，只需要在 JSP 页面添加如下定义：

```
<%@ taglib prefix="s" uri="/struts-tags"%>
```

Struts 2 框架的标签库可以分为以下两类：

(1) 通用标签：主要用于数据访问，逻辑控制。

非用户界面标签又包含以下两个小类：

① 流程控制标签：主要包含用于实现分支、循环等流程控制的标签。

② 数据访问标签：主要包含用于输出值栈(ValueStack)中的值、完成国际化等功能的标签。

(2) 用户界面标签(UI 标签)：主要用来生成 HTML 元素的标签。

用户界面标签又包含以下两个小类：

① 表单标签：主要用于生成 HTML 页面的 FORM 元素，以及普通表单元素的标签。

② 非表单标签：主要用于生成页面上的 tree 和 Tab 页等。

7.2　OGNL

7.2.1　OGNL 简介

Struts 2 标签库支持并默认使用 OGNL 表达式，从而不再依赖任何表现层技术。所以学习标签库之前，必须学习 OGNL。

OGNL 全称为 Object-Graph Navigation Language，它是一个功能强大的表达式语言，用来获取和设置 Java 对象的属性，旨在提供一个更抽象的层次来对 Java 对象进行解析。

OGNL 表达式的基本单位是"导航链"，一般导航链由如下几个部分组成：

(1) 属性名称(Property names)：例如对象 user 的属性 username，可以通过 user.username 引用；

(2) 方法调用(Method Calls)：例如 hashCode()返回当前对象的哈希码；

(3) 数组元素(Array Indices)：例如 listeners[0]返回当前对象的 listeners 集合中的第一个成员。

所有 OGNL 表达式都是基于当前对象的上下文来完成求值运算的，其中链的前面部分的结果将作为后面求值的上下文，例如 users[0].length()，并且这个链可以无限延长，例如：

name.toCharArray()[0].numericValue.toString()

7.2.2　OGNL 三要素

访问 OGNL 的官方网站 http://www.ognl.org 查看相关 API 可以发现，OGNL 的操作一般需要 3 个参数。其实 OGNL 的所有操作都是围绕这 3 个参数进行的，这 3 个参数被称为 OGNL 的三要素。

1. 表达式(Expression)

表达式(Expression)是整个 OGNL 的核心，所有的 OGNL 操作都是针对表达式的解析后进行的。表达式会规定此次 OGNL 操作到底要做什么。因此，表达式其实是一个带有语法含义的字符串，这个字符串将规定操作的类型和操作的内容。

OGNL 支持大量的表达式语法，不仅支持"链式"描述对象访问路径，还支持在表达式中进行简单的计算，甚至还能够支持复杂的 Lambda 表达式等。我们可以在接下来的章节中看到不同的 OGNL 表达式。

2. Root 对象(Root Object)

OGNL 的 Root 对象可以理解为 OGNL 的操作对象。当 OGNL 表达式规定了"做什么"以后，还需要指定对谁做。OGNL 的 Root 对象实际上是一个 Java 对象，是所有 OGNL 操作的实际载体。这就意味着，如果我们有一个 OGNL 表达式，那么实际上我们需要针对 Root 对象去进行 OGNL 表达式的计算并返回结果。

3. 上下文环境(Context)

有了表达式和 Root 对象，就可以使用 OGNL 的基本功能了。例如，根据表达式针对 OGNL 中的 Root 对象进行"取值"或者"写值"操作。

事实上，在 OGNL 的内部，所有操作都会在一个特定的数据环境中运行，这个数据环境就是 OGNL 的上下文环境(Context)。说得再明白一些，就是这个上下文环境(Context)将规定 OGNL 的操作在哪里做。

OGNL 的上下文环境是一个 Map 结构，称为 OgnlContext。之前提到的 Root 对象(Root Object)，事实上也会被添加到上下文环境中去，并且将被作为一个特殊的变量进行处理。

Struts 2 对 OGNL 上下文的概念又做了进一步扩充，在 Struts 2 中，OGNL 在内存中如图 7-1 所示。

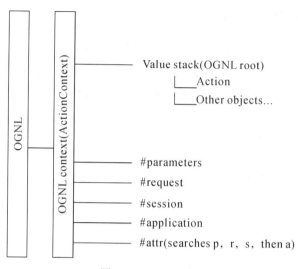

图 7-1　OGNL 对象

Struts 2 框架把 OGNL Context 设置为 ActionContext。并且 ValueStack 作为 OGNL 的根对象的扩展。除 valuestack 之外，Struts 2 框架还把代表 application、session、request 这些对象的 Map 对象也放到 ActionContext 中去了。

7.2.3　ValueStack 对象

ValueStack 是 Struts 2 用以对 OGNL 计算进行扩展的特殊的数据结构，实际上是针对 OGNL 三要素中 Root 对象所进行的扩展。简单来讲 ValueStack 的扩展方式可以分为两个主要步骤：其一，ValueStack 从数据结构的角度被定义为一组对象的集合；其二，ValueStack 规定在自身这个集合中的所有对象，在进行 OGNL 计算时，都被视为 Root 对象。

ValueStack 是一个被设计成"栈"的数据结构，并且还是具备表达式引擎计算能力的"栈"的数据结构。OGNL 和 ValueStack 的数据结构的有机结合，共同构成了 Struts 2 中表达式引擎的使用基础。两者结合的意义在于：ValueStack 成为了 Struts 2 框架进行 OGNL 操作的一个窗口。换句话来讲，扮演着数据流转催化剂角色的表达式引擎有了一个代理操作的接口，这个接口可以向外界有效的屏蔽所有底层的实现细节，帮助我们将对 OGNL 原生态 API 的操作，转换为对特定数据结构(ValueStack)自身的操作。

ValueStack 是 Struts 2 框架的核心元素之一，是 Struts 2 框架进行 OGNL 计算的实际场所，是 Struts 2 框架进行数据访问的基础。

通常提交一个请求，请求中都会带有相关参数数据。在 Struts 2 中如果对请求对象中的数据进行表达式语言的计算，先将该数据对象置于 ValueStack 中，通过对 ValueStack 进行操作即可。在后面讲解"OGNL 在 Struts 2 框架中的作用"的章节中，会通过一个请求流程的例子，告诉大家 OGNL 的作用。同时从该示例中，也可以看出 ValueStack 对象是一直存放着待处理的数据，在整个操作流程中。所以 ValueStack 是 OGNL 的计算场所，以及数据访问的基础。

7.2.4　使用 OGNL 访问数据

本节通过示例代码来讲述 OGNL 的使用(主要是 OGNL 表达式语言的相关知识)。

新建的 Java 工程需要添加 ognl.jar 类库文件(本书使用 ognl-2.6.11.jar 文件)。

创建一个简单的表示学生的 Java Bean 文件 Student.java。

```java
class Student{
    private String name;

    public String getName(){
        return name;
    }

    public void setName(String name){
        this.name = name;
    }
}
```

上面的 Student 类里面有一个 name 属性和相关的 get 和 set 方法。下面介绍使用 OGNL 获取 Student 的数据。

```java
public static void main(String[] args){
    /* 创建一个 Student 对象 */
    Student student = new Student();
    student.setName("张三");
    try{
        /* 从 Student 对象中获取 name 属性的值 */
        Object value = Ognl.getValue("name", student);
        System.out.println(value);
    }
    catch (OgnlException e){
        e.printStackTrace();
    }
}
```

上面代码中先实例化一个 Student 类并给 name 属性赋值，然后使用代码 Ognl.getValue("name", student)获取 name 属性的数据，并打印出来。上面代码中 getValue() 方法的语法如下：

```java
public static Object getValue(String expression, Object root) throws OgnlException
```

7.2.5　使用 OGNL 设置数据

OGNL 还支持赋值操作，以下是赋值操作的代码：

```
public static void main(String[] args){
    /* OGNL 提供的一个上下文类，它实现了 Map 接口 */
    OgnlContext context = new OgnlContext();
    Student student = new Student();
    try{
        //给 root 对象的属性赋值，相当于调用 student.setName()
        Ognl.setValue("name", student, "zhangsan");
        System.out.println("student's name is :" + student.getName());

        context.put("student", student);
        //给 context 中的对象属性赋值，相当于调用 student.setName()
        Ognl.setValue("#student.name", context, new Object(), "lisi");
        System.out.println("student's name is :" + student.getName());

        //给 context 中的对象属性赋值，相当于调用 student.setName()
        //在表达式中使用=赋值操作符来赋值
        Ognl.getValue("#student.name = 'wangwu'",context, new Object());
        System.out.println("student's name is :" + student.getName());
    }
    catch (OgnlException e){
        e.printStackTrace();
    }
}
```

运行结果如下：

```
student's name is :zhangsan
student's name is :lisi
student's name is :wangwu
```

上例中使用了三种方式对 Student 对象的 name 属性进行了赋值。其中最后的代码 "#student.name = 'wangwu'"，使用 "=" 操作符赋值。OGNL 表达式中能使用的操作符基本和 Java 里的操作符一样，除了能使用 +、-、*、/、++、--、==等操作符以外，还可以使用 mod、in、not in 等操作。

7.2.6　上下文环境以及方法调用

之前讲过所有的 OGNL 表达式都是基于当前对象的上下文来获得相关数据的。下面看一段代码，学习 OGNL 在上下文中的运用。

OGNL 将 Student 对象作为根对象,根据表达式获取根对象中对应的 name 属性的数据。

```java
public static void main(String[] args){
    /* OGNL 提供的一个上下文类，它实现了 Map 接口 */
    OgnlContext context = new OgnlContext();

    //实例化 Student 对象，并赋值
    Student student1 = new Student();
    student1.setName("zhangsan");
    Student student2 = new Student();
    student2.setName("lisi");

    //将实例化的 Student 对象放入 context 里面
    context.put("student1", student1);
    context.put("student2", student2);

    //设置 context 的根对象
    context.setRoot(student1);

    try{
        /* 调用 成员方法 */
        //获取上下文中根对象的 name 属性数据的长度
        Object value = Ognl.getValue("name.length()", context, context.getRoot());
        System.out.println("student1 name length is :" + value);
        //获取上下文中 Student 2 的 name 属性数据并将其转换成大写字母
        Object upperCase = Ognl.getValue("#student2.name.toUpperCase()", context, context.getRoot());
        System.out.println("student2 name upperCase is :" + upperCase);
        //获取上下文中根对象的 name 属性数据中下标为 5 的字符
        Object invokeWithArgs = Ognl.getValue("name.charAt(5)", context, context.getRoot());
        System.out.println("student1 name.charAt(5) is :" + invokeWithArgs);
        //获取上下文中 Student 对象的 name 属性数据并拼接起来显示
        Object namesValue = (String)Ognl.getValue("#student1.name + ',' + #student2.name ", context,
                context.getRoot());
        System.out.println(namesValue);
        /* 调用静态方法 */
        Object min = Ognl.getValue("@java.lang.Math@min(4,10)", context, context.getRoot());
        System.out.println("min(4,10) is :" + min);

        /* 调用静态变量 */
        Object e = Ognl.getValue("@java.lang.Math@E", context,    context.getRoot());
```

```
                System.out.println("E is :" + e);
            }
            catch (OgnlException e){
                e.printStackTrace();
            }
        }
```

代码运行结果如下：

```
student1 name length is :8
student2 name upperCase is :LISI
student1 name.charAt(5) is :s
zhangsan,lisi
min(4,10) is :4
E is :2.718281828459045
```

上面的示例代码演示了 OGNL 如何从上下文中获取对象以及对象的相关方法属性，还有如何使用静态方法。使用类静态的方法调用和值访问的表达式格式如下：

@[类全名(包括包路径)]@[方法名 | 值名]

此外，若使用 "#" 符号则表示从 context 中取值，否则表示从根对象中取值。所以代码 Ognl.getValue("name.length()", context, context.getRoot()) 是从根对象中取值，而代码 Ognl.getValue("#student2.name.toUpperCase()", context, context.getRoot())则是从 context 上下文中取值。

Action 的实例总是放到 valuestack 中。而 valuestack 是根对象，所以对 Action 中的属性的访问就可以省略#标记。但是，要访问 ActionContext 中其他对象的属性，就必须要带上#标记，以便让 OGNL 知道，不是从根对象，而是从其他对象中寻找。

7.2.7　使用 OGNL 操作集合

集合操作是每种语言中不可缺少的，本节学习如何使用 OGNL 操作集合。首先在 Student.java 中添加一个 Map 属性，以及相关的 set 和 get 方法。

```java
private Map<String , Object> scores = new HashMap<String , Object>();

public Map<String, Object> getScores() {
    return scores;
}

public void setScores(Map<String, Object> scores) {
    this.scores = scores;
}
```

其次新建一个表示教室的类文件 Classroom.java，类里面有 list 相关的属性。

```java
class Classroom{
```

```java
        private List<String> students = new ArrayList<String>();
        public List<String> getStudents()
        {
            return students;
        }

        public void setStudents(List<String> students)
        {
            this.students = students;
        }
    }
```

此处学习操作集合的方法，示例代码如下：

```java
    public static void main(String[] args){
        /* OGNL 提供的一个上下文类*/
        OgnlContext context = new OgnlContext();

        //实例化 Classroom 类，并添加学生数据
        Classroom classroom = new Classroom();
        classroom.getStudents().add("zhangsan");
        classroom.getStudents().add("lisi");
        classroom.getStudents().add("wangwu");

        //实例化 Student 类，并添加分数数据
        Student student = new Student();
        student.getScores().put("Java", "90");
        student.getScores().put("C", "80");
        student.getScores().put("Html", "85");

        //将 classroom 和 student 放入上下文中
        context.put("classroom", classroom);
        context.put("student", student);
        context.setRoot(classroom);

        try{
            /* 获得 classroom 的 students 集合 */
            Object collection = Ognl.getValue("students", context, context.getRoot());
            System.out.println("students collection is ： " + collection);

            /* 获得 classroom 的 students 集合 */
```

```
        Object firstStudent = Ognl.getValue("students[0]", context, context.getRoot());
        System.out.println("first student is : " + firstStudent);

        /*  调用集合的方法  */
        Object size = Ognl.getValue("students.size()", context, context.getRoot());
        System.out.println("students collection size is :" + size);

        //查看集合数据
        System.out.println("-------------------------------------------------");
        Object mapCollection = Ognl.getValue("#student.scores", context, context.getRoot());
        System.out.println("mapCollection is :" + mapCollection);

        Object firstElement = Ognl.getValue("#student.scores['Java']", context, context.getRoot());
        System.out.println("the first element of scores is :" + firstElement);

        System.out.println("-------------------------------------------------");

        /*  创建集合  */
        Object createCollection = Ognl.getValue("{'aa','bb','cc','dd'}", context, context.getRoot());
        System.out.println(createCollection);

        /*  创建 Map 集合  */
        Object createMapCollection = Ognl.getValue("#{'key1':'value1','key2':'value2'}", context,
                                      context.getRoot());
        System.out.println(createMapCollection);
    }catch(OgnlException e){
    e.printStackTrace();}
  }
```

运行结果如下：

```
students collection is  ：[zhangsan, lisi, wangwu]
first student is : zhangsan
students collection size is :3
-------------------------------------------------
mapCollection is :{Html=85, C=80, Java=90}
the first element of scores is :90
-------------------------------------------------
[aa, bb, cc, dd]
{key1=value1, key2=value2}
```

从示例代码可以看出使用 OGNL 操作集合也是很简单的事情，基本上和前面章节讲的获取、设置数据一样。并且创建集合也很简单：

```
Object createCollection = Ognl.getValue("{'aa','bb','cc','dd'}", context, context.getRoot());
```

```
Object createMapCollection = Ognl.getValue("#{'key1':'value1','key2':'value2'}", context, context.getRoot());
```

仔细查看上面创建集合的两行代码，会发现第二行代码的表达式中多了一个"#"符号。"#"在 OGNL 中用于构建 Map 对象。当然"#"在 OGNL 中还有其他意义，并且 OGNL 还有很多其他类似符号，在后面章节中详细讲解。

```
#{'key1':'value1','key2':'value2'}
```

上面是创建 Map 的代码，使用 #{}，中间使用逗号隔开键值对，并使用冒号隔开 key 和 value。创建 list 直接使用{}，中间使用逗号隔开元素。

```
{'aa','bb','cc','dd'}
```

7.2.8　使用 OGNL 过滤集合与投影集合

实际工作中经常会对集合进行筛选过滤，本节以一段示例代码来讲述使用 OGNL 对集合进行筛选过滤的方法。

(1) 修改类文件 Classroom.java，添加一个集合属性 Student。

```java
private List<Student> studentList = new ArrayList<Student>();

public List<Student> getStudentList() {
    return studentList;
}

public void setStudentList(List<Student> studentList) {
    this.studentList = studentList;
}
```

(2) 修改类文件 Student.java，添加以下属性和一个带参数的构造函数，重写 toString() 方法。

```java
class Student{
    private String name;
    private int age;

    public Student() {
    }

    public Student(String name, int age) {
        super();
        this.name = name;
        this.age = age;
```

```
        }

        public String getName(){
            return name;
        }

        public void setName(String name){
            this.name = name;
        }

        public int getAge() {
            return age;
        }

        public void setAge(int age) {
            this.age = age;
        }

        @Override
        public String toString(){
            return "Student [name=" + name + "]";
        }
    }
```

(3) 编写示例代码，学习过滤集合和投影集合的方法。

```
public static void main(String[] args){
    /* OGNL 提供的一个上下文类*/
    OgnlContext context = new OgnlContext();
    /* 实例化 Classroom 对象，并添加一些 Student*/
    Classroom classroom = new Classroom();
    classroom.getStudentList().add(new Student("zhangsan", 1));
    classroom.getStudentList().add(new Student("lisi", 1));
    classroom.getStudentList().add(new Student("wangwu", 0));
    /* 将 Classroom 放入上下文中*/
    context.put("classroom", classroom);
    context.setRoot(classroom);

    try{
        /* OGNL 投影集合的语法为：collection.{expression} */
        Object projectionCollection = Ognl.getValue("studentList.{name}", context, context.getRoot());
        System.out.println("projectionCollection is :" + projectionCollection);
```

```
        System.out.println("----------------------------------------------------");
        /* OGNL 过滤集合的语法为：collection.{? expression} */
        Object filterCollection = Ognl.getValue("studentList.{? #this.name.length() > 5}", context,
                            context.getRoot());
        System.out.println("filterCollection is :" + filterCollection);
    }catch (OgnlException e){
        e.printStackTrace();
    }
}
```

(4) 运行后输出结果：

projectionCollection is :[zhangsan, lisi, wangwu]

\---

filterCollection is :[Student [name=zhangsan], Student [name=wangwu]]

示例运行结果的第一行是 OGNL 对集合进行投影操作产生的。投影的语法为：

collection.{expression}

如果把集合看成一张数据表，投影操作就好像获取表中某个字段列的数据。而过滤操作就是通过条件查询表中符合条件的数据行。过滤操作的语法为

collection.{选择操作符 expression}

选择操作符有以下 3 种：

① "?" 获取所有匹配的对象。

② "^" 获取符合条件的第一个对象。

③ "$" 获取合条件的最后一个对象。

在上面示例中过滤集合时，表达式使用了"#this"，表示当前集合对象。前面讲过 OGNL 表达式是一个链式操作，从左到右，表达式每一次运算返回的结果都成为临时的"当前对象"，并在此临时对象之上继续进行运算，直到运算结束。而这个临时的"当前对象"会被存储在一个叫作 this 的变量中，这个 this 变量称为 this 指针。在 OGNL 表达式中，this 指针指向了"当前对象"，使用 this 指针时需要在 this 前面加上"#"。

以下为"#"符号的 3 种用法：

(1) 加在普通的 OGNL 表达式前面，用于访问 OGNL 的上下文中的变量。

(2) 使用#{}语法动态创建 Map。

(3) 加在 this 指针前面来使用 this 指针。

7.2.9　OGNL 在 Struts 2 框架中的作用

对于开发者而言，OGNL 在 Struts 2 框架中有两种作用：

(1) 表达式语言：作为 Struts 2 框架默认的表达式语言。通常在表单输入和 JSP 标签中使用，通过 OGNL 表达式在视图层中绑定 Java 端数据。

(2) 类型转换：负责数据类型的转换。

数据类型转换自动化是 Struts 2 最强大的功能之一，Struts 2 框架就是通过 OGNL 实现将

数据转换成为复杂的 Java 类型，例如 List、Map 等类型。还可以通过自定义类型转换器来扩展转换功能，这样就可以实现转换任何数据类型包括自定义类型。在 Struts 2 框架中，当使用基于字符流的 HTTP 输入和输出时，Java 内部处理程序通过 OGNL 作为接口实现数据交互。

　　上面提到绑定数据和数据类型转换，为什么要转换数据类型？这个就和 Struts 2 框架的 MVC 模式有关了。在 View 层，页面上所有数据都是不带数据类型的字符串，无论数据结构有多复杂、丰富，到了展示的时候，全部都当作字符串在页面展现出来。数据传递时，任何数据都被当作字符串或字符串的数组来进行。而在 Controler 层，数据模型遵循 Java 的语法和数据结构。所有的数据载体在 Java 中表现为符合 Java 语法的数据结构和数据类型。数据在传递时，以对象的形式进行。Controller 要和 View 交互，就会出现"字符串"与"Java 对象"之间的不匹配。

　　这个不匹配源于 View 层是一个"弱类型"的平台，View 层的目标就是展示内容。而 Controller 层的 Java 代码需要处理数据、分析业务，需要有表示复杂逻辑的对象类型，因此 Java 必须是具有丰富数据类型的"强类型"平台。当同一个数据在"弱类型"的平台和"强类型"的平台之间交互时，必须有一个"翻译"的角色来解决这种"不匹配"的问题。这个"翻译"就是 OGNL，它起着桥梁作用，以便数据能够在 MVC 层次间顺利地交互流转。

　　下面从架构的视角理解 OGNL 在框架中的作用。图 7-2 展示了数据在框架中输入和输出流程。图中所有的数据在 InputForm.html 页面中接受输入，并提交请求，进入请求处理流程。所有的处理结束后，在 ResultPage.html 页面输出结果，响应用户请求。现在让我们跟随着框架中输入输出的数据，来看看它们在不同区域移动时 OGNL 是如何实现数据绑定和数据类型转换的。

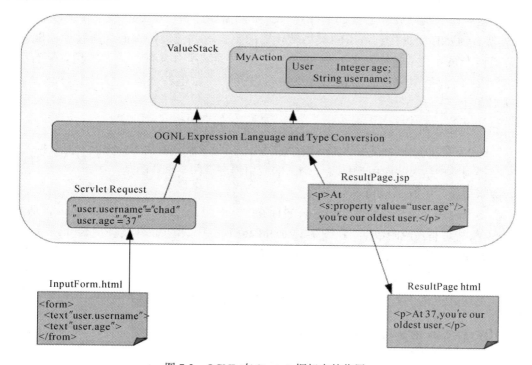

图 7-2　OGNL 在 Struts 2 框架中的作用

1．数据输入时

数据是从图 7-2 中的 InputForm.html 页面输入的。在 InputForm.htm 页面中，有一个 Form 表单，表单中包含 2 个文本输入字段。注意，这一章节目的是阐述 OGNL 在框架中的作用，所以 InputForm.htm 页面中的 HTML 标签使用了伪代码，它们是无效的。伪代码标签中的字符串是字段的 name 属性，另外，要注意的是属性名称一定要是合法的 OGNL 表达式。当输入页面准备好后，我们需要用户为这两个字段输入数据，并将表单提交给框架。

当提交的数据表单作为一个页面请求进入框架后，它呈现为 Java 语言中的 HttpServletRequest 对象。图 7-2 中，request 对象参数中有 2 个名/值对，其中"名"是表单文本字段的名字，"值"是表单被提交时用户输入的值，这个时候所有的输入内容都是字符串。在第 1 章已经学习过 Struts 2 体系架构，目前这个阶段正是 Struts 2 框架开始请求流程的处理最初阶段。同样该阶段也是 Struts 2 框架中 OGNL 开始作用处理数据的阶段。

框架获得了请求，接下来就要处理 request 参数中的数据。那么，"待处理的数据在哪儿？"待处理数据在 ValueStack 中，也就是在 OGNL 上下文中的 Root 对象里可以找到待操作的数据。

例如图 7-2 中有个请求参数叫 user.age，我们通过 OGNL 表达在 ValueStack 中可以查找该数据。根据图中的情况，可能会认为表达式是"MyAction.user.age"，但是获取数据的表达式只需要"user.age"。这是因为 ValueStack 是一个虚拟对象，它能够把它包含对象的属性像自己的属性一样提供。

在通过 OGNL 表达式定位目标属性，找到相关数据后，得到的数据依然是字符串类型。这个时候类型转化器就起到作用了。我们需要把字符串 age 属性转换成 Java 的 int 类型。OGNL 会查找它可用的类型转化器的集合，并处理特定的类型转换。Struts 2 框架提供一系列类型转换器来处理 Web 应用程序领域所有常规的类型转换。字符串和 int 类型之间的类型转换有内建的类型转换器提供。数值转换成对应类型后并设置到 User 对象上。

2．数据输出时

实际上，数据输出就是数据输入的"逆序"。在请求流程中调用业务处理完数据之后，最总会得到某种结果并向用户呈现一个新的应用程序视图。重要的是，在处理请求的过程中，数据对象会保留在 ValueStack 中。

当结果视图开始呈现时，会通过页面标签中 OGNL 表达式访问 ValueStack，从而从 ValueStack 中取得对应的数据。在图 7-2 ResultPage.jsp 中，用户的年龄使用 Struts 2 property 属性标签获取，标签使用一个 OGNL 表达式获取应该呈现的值。但是我们必须再一次转换数据类型，这一次我们从 ValueStack 中将 Java 类型转化为可以写入 HTML 页面的字符串类型。在上述情况下，将 int 类型再次转换成字符串，并在 ResultPage.jsp 页面中呈现给用户。

7.2.10　在 Struts 2 项目中使用 OGNL

通常在 Struts 2 项目中，OGNL 要结合标签一起使用。在使用 OGNL 表达式时，需要在 web.xml 文件中添加 ActionContextCleanUp 过滤器，它的作用是清理上下文缓存。

```
<filter>
    <filter-name>struts-cleanup</filter-name>
    <filter-class>
        org.apache.struts2.dispatcher.ActionContextCleanUp
    </filter-class>
</filter>


<filter-mapping>
    <filter-name>struts-cleanup</filter-name>
    <url-pattern>/*</url-pattern>
</filter-mapping>
```

Struts 2 的标签库都是使用 OGNL 表达式来访问 ActionContext 中的对象数据的，如：

```
<s:property value="#keyName" />
```

上面代码 "#keyName"，使用 "#" 符号取出堆栈上下文中的存放的对象。表 7-1 所示为引用属性列表。

表 7-1　引用属性列表

名称	作　用	示　例
parameters	包含当前 HTTP 请求参数的 Map	#parameters.id[0]作用相当于 request.getParameter("id")
request	包含当前 HttpServletRequest 的属性(attribute) 的 Map	#request.userName 相当于 request.getAttribute("userName")
session	包含当前 HttpSession 的属性(attribute)的 Map	#session.userName 相当于 session.getAttribute("userName")
application	包含当前应用的 ServletContext 的属性 (attribute)的 Map	#application.userName 相当于 application.getAttribute("userName")
attr	用于按 request > session > application 顺序访问 其属性(attribute)	#attr.userName

上表中的示例代码，列举了如何使用 "#" 从 request、session 以及 application 对象中获取 userName 属性数据。在页面中代码示例如下：

```
<s:set name="userName" value="'张三'" scope="request"/>
<s:set name="userName" value="'李四'" scope="session"/>
<s:set name="userName" value="'王五'" scope="application"/>

request.username= <s:property value="#request.userName" /> <br/>
```

```
session.username= <s:property value="#session.userName" /> <br/>
application.username= <s:property value="#application.userName" /> <br/>
attr.username= <s:property value="#attr.userName" /> <br/>
```

运行结果如下：

request.username= 张三

session.username= 李四

application.username= 王五

attr.username= 张三

假设要使用"#"获取 Paraments 对象的 username 属性值，代码如下：

```
<s:property value="#parameters.username"/>
```

OGNL 在标签中的操作与之前所学相同，例如：

```
<s:property value="@java.lang.Math@floor(44.56)"/>
```

其中，"@java.lang.Math@floor(44.56)"就遵循了静态方法调用的语法。其他操作也一样，如之前学过的过滤操作的代码示例片段为：

```
Ognl.getValue("studentList.{?#this.name.length() > 5}", context, context.getRoot());
```

在标签中也是同样的使用：

```
<s:property value="studentList.{?#this.name.length() > 5}"/>
```

另外，在标签中经常会用到"%"和"$"。"%"符号的用途是在标志的属性为字符串类型时，计算{}中的 OGNL 表达式的值。示例代码如下：

```
<s:set name="userName" value="'zhangsan'" scope="request"/>
<s:url value="tags.jsp?userName=#request.userName" /> <br/>
<s:url value="tags.jsp?userName=%{#request.userName}"/>
```

通过"%{}"可以字符串里面使用表达式，运行结果如下：

tags.jsp?userName=%23request.userName

tags.jsp?userName=zhangsan

"$"符号主要用在 Struts 2 框架的资源文件(如国际化资源文件)或配置文件中引用 OGNL 表达式，例如：

```
<validators>
    <field name="intb">
            <field-validator type="int">
            <param name="min">10</param>
            <param name="max">100</param>
            <message>BAction-test 校验：数字必须为${min}为${max}之间！</message>
        </field-validator>
    </field>
</validators>
```

上述代码使用"${min}"和"${max}"引用了前面定义的 param 参数。另外在国际化资源文件中也会使用"$"符号，其使用方法和上面一样。

7.3　通　用　标　签

非用户界面标签包括有流程控制标签和数据访问标签。

7.3.1　流程控制标签

流程控制标签主要进行条件控制、循环、组合、分割、合并、排序、子集等。Struts 2 标签库中属于流程控制的标签见表 7-2。

表 7-2　逻辑控制标签

名　　称	描　　述
<s:if>	条件标签，用于流转控制
<s:elseIf>	条件标签，用于流转控制
<s:else>	条件标签，用于流转控制
<s:append>	组合标签，用于合并集合
<s:generator>	分隔标签，用于分隔字符串
<s:iterator>	迭代标签，用于遍历集合
<s:merge>	合并标签，用于合并集合
<s:sort>	排序标签，用于对集合进行排序
<s:subset>	子集标签，用于获取集合的子集

7.3.2　条件标签

　　<s:if>、<s:elseif>、<s:else>

用途：这三个标签用于执行基本的条件流转。

标签的语法格式如下：

　　< s:if test="表达式">

　　　　标签体

　　</s:if>

　　< s:elseif test="表达式">

　　　　标签体

　　</ s:elseif >

　　<!-- 允许出现多次 elseif 标签 -->

　　…

　　<s:else>

　　　　标签体

　　</s:else>

相关参数如表 7-3 所示。

表 7-3 参 数 表

名称	必需	默认	类型	描　　述	备　　注
test	是		boolean	决定标签里的内容是否要显示的表达式	else 标志没有这个参数
id	否		String	用来标识元素的 id。在 UI 和表单中为 HTML 的 id 属性	

<s:if>、<s:elseif> 拥有一个必需的 test 属性，其表达式的值可决定标签里面的内容是否要显示，示例代码如下：

```
<!-- 设置变量 age -->
<s:set name="age" value="60"/>
<!-- 根据 age 值来显示内容 -->
<s:if test="#age > 60">
    老年人
</s:if>
<s:elseif test="#age > 35">
    中年人
</s:elseif>
<s:elseif test="#age > 15" id="wawa">
    青年人
</s:elseif>
<s:else>
    少年
</s:else>
```

上面代码通过判断变量 age 值的大小来决定页面显示的内容。示例中 "age" 等于 60，所以页面运行后显示 "中年人"。

7.3.3 组合标签

<s:append>

用途：将多个集合对象拼接起来，组成一个新的集合。

使用<s: append.../>标签时可以指定使用 id 属性，该属性确定拼接生成新的集合的名字，见表 7-4。id 属性属于标签的基本属性，以后介绍标签时不会特别单独标识该标签有 id 属性。

表 7-4 参 数 表

名称	必需	默认	类型	描　　述	备注
id	否		String	用来标识元素的 id。在 UI 和表单中为 HTML 的 id 属性	

除此之外，<s: append.../>标签可以接受多个<s: param.../>子标签，每个子标签指定一个集合，<s: append.../>标签负责将<s: param.../>标签指定的多个集合拼接成一个集合。

下面通过示例代码来学习组合标签。首先新建一个 Action：

```java
public class AppendIteratorTagAction    extends ActionSupport {
    private List myList1,myList2,myList3;

    public String execute() throws Exception {
        myList1 = new ArrayList();
            myList1.add("1");
            myList1.add("2");
            myList1.add("3");
            myList2 = new ArrayList();
            myList2.add("a");
            myList2.add("b");
            myList2.add("c");
            myList3 = new ArrayList();
            myList3.add("A");
            myList3.add("B");
            myList3.add("C");
            return "append";
    }
    public List getMyList1() { return myList1; }
    public List getMyList2() { return myList2; }
    public List getMyList3() { return myList3; }
}
```

修改 struts.xml 文件，添加 Action 以及 JSP 页面相关配置：

```xml
<action name="appendAction"
    class="com.ssoft.struts2.actions.AppendIteratorTagAction">
    <result name="append">tags-append.jsp</result>
</action>
```

查看 JSP 页面中的标签使用：

```jsp
<s:append id="myAppendIterator">
    <s:param value="%{myList1}" />
    <s:param value="%{myList2}" />
    <s:param value="%{myList3}" />
</s:append>
<s:iterator value="#myAppendIterator">
    <s:property />
</s:iterator>
```

运行结果如下：

123abcABC

示例的 JSP 页面使用了<s:append>组合标签，在组合标签中使用了<s:param>标签。回顾前面章节中介绍的"%"符号的用法，代码%{myList1}会将大括号中的"myList1"作为 OGNL 的表达式，并从 Action 对象中获取集合 myList1，然后组合标签将所有的集合拼接起来，最后通过迭代标签将其读取显示出来。

7.3.4　分隔标签

<s:generator>

用途：将一个字符串进行分隔，产生一个集合。参数如表 7-5 所示。

表 7-5　参　数　表

名称	必需	默认	类　　型	描　　述
Converter	否	true	org.apache.struts2.util.IteratorGenerator.Converter	对分隔的字符串进行格式转换
count	否	true	Integer	限制集合的最大数
separator	是	true	String	分隔符
val	是	true	String	待分隔解析的字符串
id	否		String	用来标识元素的 id。在 UI 和表单中为 HTML 的 id 属性

以下例学习基本使用方法。

```
<s:generator val="%{'aaa,bbb,ccc,ddd,eee'}" separator=",">
    <s:iterator>
        <s:property /><br/>
    </s:iterator>
</s:generator>
```

使用","分隔字符串"aaa,bbb,ccc,ddd,eee"，然后使用迭代标签读取显示分隔后的集合。

运行显示结果如下：

aaa

bbb

ccc

ddd

eee

如果要对产生的集合进行限制，可以设置 count 属性。

```
<s:generator val="%{'aaa,bbb,ccc,ddd,eee'}" count="3" separator=",">
    <s:iterator>
        <s:property /><br/>
    </s:iterator>
</s:generator>
```

上面代码中使用分隔标签<s:generator>分隔字符串"aaa,bbb,ccc,ddd,eee"时设置了

count 属性为 3。运行结果如下：

      aaa

      bbb

      ccc

此运行结果与前例不同，只显示 3 条。

如果需要转换分隔的字符串，则需要自定义转换器。此处还是通过示例代码进行学习。新建一个 Action 类：

```
public class GeneratorTagAction    extends ActionSupport {
    public String execute() throws Exception {
        return "generator";
    }
    //自定义转换
    public Converter getMyConverter() {
        return new Converter() {
            public Object convert(String value) throws Exception {
                return "converter-"+value;
            }
        };
    }
}
```

设置 struts.xml 文件，配置 Action 和 JSP 文件：

```
<action name="generatorAction"
    class="com.ssoft.struts2.actions.GeneratorTagAction">
        <result name="generator">tags-generator3.jsp</result>
</action>
```

在 JSP 页面中使用分隔标签：

```
<s:generator val="%{'aaa,bbb,ccc,ddd,eee'}"
converter="%{myConverter}" separator=",">
    <s:iterator>
        <s:property /><br/>
    </s:iterator>
</s:generator>
```

在分隔标签的 converter 属性中指定 Action 中的转换器，并对分隔的字符串进行格式转换，给每个分隔后的字符串加上一个前缀。运行结果如下：

    converter-aaa

    converter-bbb

    converter-ccc

    converter-ddd

    converter-eee

7.3.5　迭代标签

<s:iterator>

用途：用于遍历集合。相关参数见表 7-6。

表 7-6　参　数　表

名称	必需	默认	类　型	描　　　述
status	否		String	如果设置此参数，一个 IteratorStatus 的实例将会压入每一个遍历的堆栈
value	否		Object/String	要遍历的可枚举的(iteratable)数据源，或者要放入的新列表(List)的对象
id	否		String	用来标识元素的 id。在 UI 和表单中为 HTML 的 id 属性

我们通过一段示例代码进行学习。

```
<%
    List list = new ArrayList();
    list.add("Max");
    list.add("Scott");
    list.add("Jeffry");
    list.add("Joe");
    list.add("Kelvin");
    request.setAttribute("names", list);
%>
<s:iterator value="#request.names" status="stuts" id="name">
        <s:if test="#stuts.odd == true"> <!--判断是否单数行-->
            <li>White <s:property /></li>
        </s:if>
        <s:else>
            <li style="background-color:gray"><s:property value="#name"/></li>
        </s:else>
</s:iterator>
```

上面代码先声明一个集合并添加数据，在将集合放到 request 里面，然后通过<s:iterator>标签遍历 request 里面的集合，通过<s:property>标签输出集合中的每条数据。

上面例子中迭代标签指定了 status 属性，即每次迭代时都会有一个 IteratorStatus 实例，该实例包含了如下几个方法：

int getCount()：返回当前迭代了几个元素。

int getIndex()：返回当前迭代元素的索引。

boolean isEven()：返回当前被迭代元素的索引是否偶数。

boolean isFirst()：返回当前被迭代元素是否是第一个元素。

boolean isLast()：返回当前被迭代元素是否是最后一个元素。

boolean isOdd()：返回当前被迭代元素的索引是否是奇数。

int modules(int operand)：对当前行数取模。

在页面该标签属性的示例：

```
<s:iterator status="status" value='{0, 1}'>
    Index: <s:property value="%{#status.index}" /> <br />
    Count: <s:property value="%{#status.count}" /> <br />
</s:iterator>
```

7.3.6　合并标签

```
<s:merge>
```

用途：多个集合对象拼接起来，组成一个新的集合。

流程控制标签还包括有合并标签<s:merge>，它和组合标签<s:append>相似。会将多个集合对象拼接起来，组成一个新的集合。通过这种拼接，从而允许通过一个迭代标签就完成多个集合的迭代。但是有一点不同，合并标签合并数组时，会按数组的索引位置进行合并。

例如之前讲解组合标签时的例子中，三个集合 "1，2，3" "a，b，c" 和 "A，B，C"，使用组合标签<s:append>进行拼接组合，结果如下：

1 2 3 a b c A B C

使用组合标签<s:marge>进行拼接组合，结果如下：

1 a A 2 b B 3 c C

7.3.7　排序标签

```
<s:sort>
```

用途：对指定的集合元素进行排序。相关参数见表 7-7。

在对集合进行排序时，必须提供排序规则，即实现 Comparator。Comparator 需要实现 java.util. Comparator 接口。

表 7-7　参　数　表

名称	必需	默认	类　　型	描　　述
Comparator	是		Object	该属性指定进行排序的 Comparator 实例
source	否		Object/String	该属性指定被排序的集合。如果不指定该属性，则对 ValueStack 栈顶的集合进行排序
id	否		String	用来标识元素的 id。在 UI 和表单中为 HTML 的 id 属性

在编写 Comparator 时，要实现 java.util.Comparator 的接口。

package com.ssoft.struts2.utils;

import java.util.Comparator;

```
public class MyComparator implements Comparator<Object> {
    //决定两个元素大小的方法
    public int compare(Object element1, Object element2){
        //根据元素字符串长度来决定大小
        return ((String)element1).length()- ((String)element2).length();
    }
}
```

在实现 Comparator 时，需要实现一个 compare(Object element1, Object element2)方法，如果该方法返回一个大于 0 的整数，则第一个元素大于第二个元素；如果该方法返回 0，则两个元素相等；如果该方法返回小于 0 的整数，则第一个元素小于第二个元素。

从上面代码中可以看出，上面代码是根据目标元素字符串的长度来决定元素大小的。下面是对集合元素进行排序的 JSP 页面代码：

```
<s:bean id="myComparator " name="com.ssoft.struts2.utils.MyComparator"></s:bean>

<s:sort comparator="myComparator " source="{'zhangsan','lisi','wangwu','zhaoliu'}">
    <s:iterator>
        <s:property />
    </s:iterator>
</s:sort>
```

代码运行结果如下，根据字符串长度进行重新排序：

```
lisi wangwu zhaoliu zhangsan
```

示例代码先使用<s:bean>标签来创建Comparator，在接下来的<s:sort>标签中，Comparator 属性使用该 Bean。排序标签中 source 属性指向一个集合，然后通过迭代标签遍历该集合，使用 Comparator 属性中指向的类的 compare()方法比较字符串长度，进行排序。

7.3.8　子集标签

```
<s:subset>
```

用途：取得一个集合对象的子集。相关参数见表 7-8。

表 7-8　参　数　表

名称	必需	默认	类　型	描　述
count	否	true	Integer	限制检索结果集的条数
decider	否	true	org.apache.struts2.util.SubsetIteratorFilter.Decider	指定检索条件
source	否	true	String	待检索的集合对象
start	否	true	Integer	指定开始检索的索引位置
id	否		String	用来标识元素的 id。在 UI 和表单中为 HTML 的 id 属性

我们还是通过示例代码学习子集标签的用法。

新建 Action 类：

```
public class MySubsetTagAction    extends ActionSupport {
private List<Integer> myList;
    public List<Integer> getMyList() {
        return myList;
    }

    public String execute() throws Exception {
        myList = new ArrayList<Integer>();
        myList.add(new Integer(1));
        myList.add(new Integer(2));
        myList.add(new Integer(3));
        myList.add(new Integer(4));
        myList.add(new Integer(5));
        return "subset";
    }

    /**
    *自定义检索条件
    */
    public Decider getMyDecider() {
        return new Decider() {
            public boolean decide(Object element) throws Exception {
                int i = ((Integer)element).intValue();
                return (((i % 2) == 0)?true:false);
            }
        };
    }
}
```

修改 struts.xml 文件，添加 Action 以及 JSP 页面相关配置：

```
<action name="subsetAction"
class="com.ssoft.struts2.actions.MySubsetTagAction">
    <result name="subset">tags-subset.jsp</result>
</action>
```

查看 tags-subset.jsp 页面中的标签使用：

```
<s:subset source="myList">
    <s:iterator>
        <s:property />
```

```
            </s:iterator>
        </s:subset>
```

运行结果如下：

　　1 2 3 4 5

上面示例 JSP 页面中使用了<s:subset>子集标签，在组合标签中使用了<s:param>标签，这里没有加任何检索条件，所以将完整的"myList"全部检索出来。下面增加一个"count"的属性限制：

```
        <s:subset source="myList" count="3">
            <s:iterator>
                <s:property />
            </s:iterator>
        </s:subset>
```

运行结果如下：

　　1 2 3

运行结果会对检索的结果集大小进行限制。如果从第三条数据开始检索，则需要设置"start"属性值：

```
        <s:subset source="myList" count="13" start="3">
            <s:iterator>
                <s:property />
            </s:iterator>
        </s:subset>
```

运行结果如下：

　　4 5

运行结果会从第三条数据开始，总共可以得到 13 条数据。还可以通过子集标签的 id 引用子集：

```
        <s:subset id="mySubset" source="myList" count="13" start="3" />
        <%
            Iterator i = (Iterator) pageContext.getAttribute("mySubset");
            while(i.hasNext()) {
            %>
            <%=i.next() %>
            <%
            }
        %>
```

运行结果如下：

　　4 5

得到子集后，通过子集标签的 id 属性得到结果集，并遍历显示出来，所以运行结果和前面的一样。这里还可以自定义检索条件，通过"decider"属性获取 Action 中自定义检索过滤的结果集：

```
<s:subset source="myList" decider="myDecider">
    <s:iterator>
        <s:property />
    </s:iterator>
</s:subset>
```

在 action 中有自定义过滤条件，获取偶数。所以运行结果如下：

2 4

7.3.9　数据访问标签

数据访问标签用于输出页面中的元素、属性、隐含变量等。Struts 2 标签库中属于流程控制的标签见表 7-9。

表 7-9　数据访问标签

名　　称	描　　述
<s:a>	链接标签，用于创建一个<a>标签
<s:action>	Action 标签，用于调用 Action 类
<s:bean>	Bean 标签，用于创建一个 JavaBean 对象
<s:date>	日期标签，用于格式化日期对象
<s:debug>	调试标签，用于在页面输出调试信息
<s:i18n>	资源文件标签，用于引用资源包信息
<s:include>	包含标签，用于在页面中包含另一个页面
<s:param>	参数标签，用于为其他标签提供参数
<s:push>	推入标签，用于将一个值推入放置到堆栈中
<s:set>	赋值标签，用于给变量赋予一个特定范围的值
<s:text>	国际化文本标签，用于显示支持国际化信息的标签
<s:url>	链接标签，用于创建一个 URL 链接
<s:property>	属性标签，用于输出 value 属性值

7.3.10　Action 标签

```
<s:action>
```

用途：在 JSP 页面中直接调用 Action。相关参数见表 7-10。

使用 Action 标签可以允许在 JSP 页面中直接调用 Action，因为需要调用 Action，所以可以指定需要被调用 Action 的 name 及 namespace。如果指定了 executeResult 参数的属性值为 true，该标签还会把 Action 的处理结果(视图资源)包含到本页面中来。

表 7-10　参　数　表

名称	必需	默认	类型	描　　述
executeResult	否	false	Boolean	该属性指定是否要将 Action 的处理结果页面包含到本页面。该属性值默认值是 false，即不包含
flush	否	true	Boolean	
id	否		String	用来标识元素的 id。在 UI 和表单中为 HTML 的 id 属性
ignoreContext Params	否	false	Boolean	它指定该页面中的请求参数是否需要传入调用的 Action。该参数的默认值是 false，即将本页面的请求参数传入被调用的 Action
name	是		String	通过该属性指定该标签调用哪个 Action
namespace	否	调用的 Action 所在的 namespace	String	该属性指定该标签调用的 Action 所在的 namespace

下面我们还是通过示例代码学习标签用法。新建 Action 类：

```
public class ActionTagAction    extends ActionSupport {
    public String execute() throws Exception {
        return "done";
    }


    public String doDefault() throws Exception {
        ServletActionContext.getRequest().setAttribute("stringByAction", "This is a String put in by the action's doDefault()");
        return "done";
    }
}
```

修改 struts.xml 文件，添加 Action 相关配置：

```
<action name="actionTagAction"
    class="com.ssoft.struts2.actions.ActionTagAction">
        <result name="done">index.jsp</result>
</action>
```

在页面中调用 Action，就需要使用<s:action>标签了：

```
<s:action name="actionTagAction" executeResult="true" />
```

标签中的"name"属性指向了 struts.xml 中定义的 action，并执行 action 中的 execute()方法。因为"executeResult"属性为 true，所以返回的页面会包含到当前页面。如果想调用 action 里面的 doDefault()方法，需要修改 name 属性。格式如"action 名称+!+方法名"：

```
<s:action name="actionTagAction!doDefault" executeResult="true" />
```

通过上面的代码可以直接调用 action 里面的 doDefault()方法，在该方法中设置了一个属性变量到 request 里面：

```
ServletActionContext.getRequest().setAttribute("stringByAction", "put in action");
```

我们在页面可以使用属性标签<s:property>获取：

```
<s:property value="#attr.stringByAction" />
```

7.3.11　Bean 标签

```
<s:bean>
```

用途：创建一个 JavaBean 实例。相关参数见表 7-11

表 7-11　参　数　表

名称	必需	默认	类型	描　　述
id	否		String	用来标识元素的 id。在 UI 和表单中为 HTML 的 id 属性
name	是		String	该属性指定要实例化 JavaBean 的实现类

在讲解排序标签时已经使用过 Bean 标签，该标签用于创建 JavaBean 实例，在页面中可以通过其"id"属性引用。如果需要设置属性，可以在该标签体内使用<param.../>标签为该 JavaBean 实例传入属性，如果我们需要使用<param.../>标签为该 JavaBean 的某个属性，则应该为该属性提供对应的 getter 方法。

7.3.12　包含标签

```
<s:include>
```

用途：将一个 JSP 页面，或者一个 Servlet 包含到本页面中。相关参数见表 7-12。

表 7-12　参　数　表

名称	必需	默认	类型	描　　述
id	否		String	用来标识元素的 id。在 UI 和表单中为 HTML 的 id 属性
value	是		String	指定需要被包含的 JSP 页面，或者 servlet

除此在页面包含其他页面之外，还可以为<s:include.../>标签指定多个<s:param.../>子标签，用于将多个参数值传入被包含的 JSP 页面或都 Servlet。看如下页面代码。

```
<h2>使用 s:include 标签来包含目标页面</h2>
<!-- 使用 include 标签来包含其他页面 -->
<s:include value="tags-include2.jsp"/>
<!-- 使用 include 标签来包含其他页面，并且传入参数 -->
<s:include value="tags-include2.jsp">
    <s:param name="author" value="'yeeku'"/>
</s:include>
```

被包含的页面仅使用表达式语言输出 author 参数，被包含页面的代码如下：

```
<h3>被包含的页面</h3>
Author 参数值为：${param.author}
```

页面运行结果如下：

使用 s:include 标签来包含目标页面

被包含的页面

Author 参数值为：

被包含的页面

Author 参数值为：yeeku

7.3.13　参数标签

`<s:param>`

用途：为其他标签提供参数。相关参数见表 7-13。

表 7-13　参　数　表

名称	必需	类型	描　述
id	否	String	用来标识元素的 id。在 UI 和表单中为 HTML 的 id 属性
name	否	String	设置参数的参数名
value	否	String	需要设置参数的参数值

value 在`<s:param.../>`标签有以下两种用法。

第一种用法：

```
<param name="color">blue</param>
```

在上面的用法中，指定一个名为 color 的参数，该参数的值为 blue。

第二种用法：

```
<param name="color" value="blue"/>
```

在上面的用法中，指定一个名为 color 的参数，该参数的值为 blue 对象的值——如果 blue 对象不存在，则 color 参数值为 null。如果想指定 color 参数的值为 blue 字符串，则应该这样写：

```
<param name="color" value="'blue'"/>
```

7.3.14　Push 标签

`<s:push>`

用途：将一个值推入放置到堆栈中。相关参数见表 7-14。

表 7-14　参　数　表

名称	必需	类型	描　述
id	否	String	用来标识元素的 id。在 UI 和表单中为 HTML 的 id 属性
value	否	String	需要设置参数的参数值

Push 标签用于将某个值放到 ValueStack 的栈顶，从面可以更简单地访问该值。以下是一个简单的示例代码：

```
<!-- 使用 bean 标签创建一个 JavaBean 实例，指定 id 属性，并将其放入 Stack Context 中 -->
<s:bean name="com.ssoft.struts2.bean.User" var="user">
  <s:param name="userName" value="'bruce'"/>
</s:bean>
<!-- 将 Stack Context 中的 user 对象放入 ValueStack 栈顶-->
<s:push value="#user">
  <!-- 输出 ValueStack 栈顶对象的 userName 属性  -->
  ValueStack 栈顶对象的 name 属性：<s:property value="userName"/><br/>
</s:push>
```

上面程序实现了将 Stack Context 中 user 对象放入 ValueStack 栈顶的功能，程序在 Push 标签内将可直接访问被放入 ValueStack 栈顶的对象。所以运行结果如下：

　　　　ValueStack 栈顶对象的 name 属性：bruce

7.3.15　赋值标签

<s:set>

用途：将一个值推入放置到堆栈中。相关参数见表 7-15。

表 7-15　参　数　表

名称	必需	默认	类型	描　　述
id	否		String	用来标识元素的 id。在 UI 和表单中为 HTML 的 id 属性
scope	否	action	String	指定新变量被放置的范围，该属性可以接受 application、session、request、page 或 action5 个值
name	是		String	需要赋值的变量名
value	否		String	指定将赋给变量的值

在前面章节中该标签已经使用多次，该标签用于将某个值放入指定范围内，例如 application 范围、session 范围等。当某个值所在对象图深度非常深时，例如有如下的值：person.wife.name，每次访问该值不仅性能低下，而且代码可读性也差。为了避免这个问题，可以将该值设置成一个新值，并放入特定的范围内。

当把指定值放入特定范围时，范围可以是 application、session、request、page 或 action5 个值，前面 4 个范围很容易理解；如果指定 action 范围，则该将被放入 request 范围中，并被放入 Struts 2 的 Stack Context 中。如何读取不同范围内的值，前面"在 Struts 2 框架中使用 OGNL"章节中已经讲解过。

7.3.16　URL 标签

<s:url>

用途：将一个值推入放置到堆栈中。相关参数见表 7-16。

表 7-16　参　数　表

名称	必需	默认	类型	描　　　述
action	否		String	指定生成 URL 的地址为哪个 Action，如果 Action 不提供，就使用 value 作为 URL 的地址值
anchor	否		String	指定 URL 的锚点
encode	否	True	Boolean	指定是否需要对参数进行编码
id	否		String	用来标识元素的 id。在 UI 和表单中为 HTML 的 id 属性
includeContext	否	true	Boolean	指定是否需要将当前上下文包含在 URL 地址中
includeParams	否	get	String	指定是否包含请求参数，该属性的属性值只能为 none、get 或者 all
method	否		String	指定 Action 的方法。当用 Action 来生成 URL 时，如果指定了该属性，则 URL 交链接到指定 Action 的特定方法
namespace	否		String	指定命名空间。当用 Action 来生成 URL 时，如果指定了该属性，则 URL 将链接到此 namespace 指定的 Action 处
portletMode	否		String	指定结果页面的 portlet 模式
portletUrlType	否		String	指定结果页面的 portlet 类型。是 portlet 输出还是 action url
scheme	否		String	用于设置 scheme 属性
value	否		String	指定生成 URL 的地址值，如果 value 不提供就用 action 属性指定的 Action 作为 URL 地址
windowState	否		String	指定结果页面的 portlet 的窗口状态

看如下使用<s:url>标签的代码片段：

```
<h2>s:url 来生成一个 URL 地址</h2>
只指定 value 属性的形式。<br/>
<s:url value="appendAction.do"/>
<hr/>
指定 action 属性，且使用 param 传入参数的形式。<br/>
<s:url action="appendAction">
    <s:param name="author" value="'bruce'" />
</s:url>
<hr/>
既不指定 action 属性，也不指定 value 属性，且使用 param 传入参数的形式。<br/>
<s:url includeParams="get"   >
    <s:param name="id" value="%{'22'}"/>
</s:url>
<hr/>
```

同时指定 action 属性和 value 属性，且使用 param 传入参数的形式。
<s:url action="showBook" value="xxxx">

    <s:param name="author" value="'bruce'" />

</s:url>

运行结果如下：

    s:url 来生成一个 URL 地址

    只指定 value 属性的形式。

    appendAction.do

    指定 action 属性，且使用 param 传入参数的形式。

    /struts2_ch03_tag/appendAction.do?author=bruce

    既不指定 action 属性，也不指定 value 属性，且使用 param 传入参数的形式。

    /struts2_ch03_tag/tags-url.jsp?id=22

    同时指定 action 属性和 value 属性，且使用 param 传入参数的形式。

    xxxx?author=bruce

7.4　用户界面标签

用户界面标签分为表单标签和非表单标签两类。

7.4.1　表单标签

表单标签主要用来生成 HTML 页面的 FORM 元素，以及普通表单元素的标签。Struts 2 的表单标签非常丰富，标签库中属于用户界面表单的标签见表 7-17。

表 7-17　表 单 标 签

名　　称	描　　述
<s:checkbox>	复选框标签
<s:checkboxlist>	复选框列表标签
<s:combobox>	下拉框标签
<s:doubleselect>	双击下拉框标签
<s:head>	输出对应的 theme 的 HEAD 内容，例如 CSS 和 JavaScript 引用
<s:file>	文件选择框标签
<s:form>	Form 表单标签
<s:hidden>	隐藏表单字段标签
<s:label>	Label 标签
<s:optiontransferselect>	选项移动下拉组件标签

名　称	描　述
s:optgroup>	拉选择框的选项组标签
<s:password>	密码输入框标签
<s:radio>	单选框标签
<s:reset>	重置按钮标签
<s:select>	下拉框标签
<s:submit>	提交按钮标签
<s:textarea>	文本输入域标签
<s:textfield>	文本输入框标签
<s:token>	隐藏字段标签，用于防止多次提交表单
<s:updownselect>	下拉框组件标签，带有上下移动按钮来移动下拉框组件的元素

根据 Struts 2 版本不同，其标签库中的表单标签也略有不同。

7.4.2　表单标签通用属性

所有表单标签处理类都继承了 UIBean 类，UIBean 包含了一些属性。对于所有表单标签来讲，它们多具有继承来的通用属性，如表 7-18 所示。

表 7-18　通 用 属 性

属性	Theme	数据类型	描　述
cssClass	simple	String	定义 html class 属性
cssStyle	simple	String	定义 html style 属性
title	simple	String	定义 html title 属性
disabled	simple	String	定义 html disabled 属性
label	xhtml	String	定义表单元素的 label
labelPosition	xhtml	String	定义表单元素的 label 位置(top/left)，缺省为 left
requiredposition	xhtml	String	定义 required 标识相对 label 元素的位置(left/right)，缺省是 right
name	simple	String	表单元素的 name 映射
required	xhtml	Boolean	在 label 中添加 *(true 增加，否则不增加)
tabIndex	simple	String	定义 html tabindex 属性
Key	simple	String	为特定组件设置 key
value	simple	Object	定义表单元素的 value

所有表单标签都拥有如表 7-19 所示的 JavaScript 属性。

表 7-19　JavaScript 相关通用属性

属　性	数据类型	描　述
onclick	String	html javascript onclick 属性
ondbclick	String	html javascript ondbclick 属性
onmousedown	String	html javascript onmousedown 属性
onmouseup	String	html javascript onmouseup 属性
onmouseover	String	html javascript onmouseover 属性
onmouseout	String	html javascript onmouseout 属性
onfocus	String	html javascript onfocus 属性
onblur	String	html javascript onblur 属性
onkeypress	String	html javascript onkeypress 属性
onkeyup	String	html javascript onkeyup 属性
onkeydown	String	html javascript onkeydown 属性
onselect	String	html javascript onselect 属性
onchange	String	html javascript onchange 属性

所有表单标签都拥有如表 7-20 所示的提示属性。

表 7-20　提示相关通用属性

属　性	数据类型	描　述
tooltip	String	组件提示信息文本内容
tooltipCssClass	String	组件提示信息样式
tooltipConfig	String	组件提示信息配置，该属性已过时
tooltipDelay	String	组件提示信息延时设置
tooltipIconPath	String	组件提示信息 Icon 图片路径
javascriptTooltip	String	使用 JavaScript 生成提示信息

7.4.3　表单标签的 name 和 value 属性

表单标签中的 name 和 value 属性之间存在一个独特的关系：因为每个表单元素都会被映射成 Action 属性，所以如果某个表单对应的 Action 已经被实例化且其属性有值，则该 Action 对应表单里的表单元素会显示出该属性的值，这个值将作为表单标签的 value 值。

name 属性设置表单元素的名字，表单元素的名字实际封装着一个请求参数，而请求参数是被封装到 Action 属性的。因此，可以将 name 属性指定为希望绑定值的表达式。也就是说，表单标签的 name 属性值可使用表达式，如下面代码所示：

```
<!-- 将下面文本框的值绑定到 Action 的 person 属性的 firstName 属性 -->
<s:textfield name="person.firstName" />
```

多数时候，我们希望表单元素里可以显示出对应 Action 的属性值，此时就可以通过指定该表单元素的 value 属性来完成该工作。例如使用如下代码：

```
<!-- 使用表达式生成表单元素的 value 值 -->
<s:textfield name="person.firstName" value="${person.firstName}"/>
```

事实上，因为 name 和 value 属性存在这种特殊关系，所以当使用 Struts 2 的标签库时，无须指定 value 属性。例如：

```
<!-- 将下面文本框的值绑定到 Action 的 person 属性的 firstName 属性 -->
<s:textfield name="person.firstName" />
```

虽然上面的文本框没有指定 value 的属性，但 Struts 2 仍旧会在文本框中输出对应 Action 里的 person 属性的 firstName 属性值。

7.4.4　Checkboxlist 标签

Checkboxlist 标签可以一次创建多个复选框，用于同时生成多个 <input type="checkbox".../>r HTML 标签。它根据 list 属性指定的集合来生成多个复选框，因此，使用该标签指定一个 list 属性。除此之外，其他属性大部分是通用属性。

Checkboxlist 还有两个常用属性：

listKey：该属性指定集合元素中的某个属性(例如集合元素为 Person 实例，指定 Person 实例的 name 属性)作为复选框的 value。如果集合是 Map，则可以使用 key 和 value 值指定 Map 对象的 key 和 value 作为复选框的 value。

listValue：该属性指定集合元素中的某个属性(例如集合元素为 Person 实例，指定 Person 实例的 name 属性)作为复选框的标签。如果集合是 Map，则可以使用 key 和 value 值指定 Map 对象的 key 和 value 作为复选框的标签。

下面是使用该标签的代码示例，其中分别使用了简单集合、简单 Map 对象、集合里放置 Java 实例来创建多个复选框。下面是 JSP 页面代码：

```
<s:form>
<!-- 使用简单集合来生成多个复选框 -->
<s:checkboxlist name="a" label="请选择您喜欢的图书"
labelposition="top" list="{'struts2 权威指南',
  '轻量级 J2EE 企业应用实战 ', '基于 J2EE 的 Ajax 宝典'}"/>
<!-- 使用简单 Map 对象来生成多个复选框
使用 Map 对象的 key(书名)作为复选框的 value,
使用 Map 对象的 value(出版时间)作为复选框的标签-->
s:checkboxlist name="b" label="请选择您想选择的出版日期"
labelposition="top"      list="#{' struts2 权威指南':'2007 年 10 月',
'轻量级 J2EE 企业应用实战':'2007 月 4 月'   ,'基于 J2EE 的 Ajax 宝典':'2007 年 6 月'}"
listKey="key" listValue="value"/>
<!-- 创建一个 JavaBean 对象，并将其放入 Stack Context 中 -->
<s:bean name="com.ssoft.struts2.services.BookService" id="bs"/>
<!-- 使用集合里放多个 JavaBean 实例来生成多个复选框
```

使用集合元素里 name 属性作为复选框的标签

使用集合元素里 author 属性作为复选框的 value-->

```
<s:checkboxlist name="b" label="请选择您喜欢的图书"
labelposition="top"
list="#bs.books"
listKey="author"
listValue="name"/>
</s:form>
```

在上面代码中，简单集合对象和简单 Map 对象都是通过 OGNL 表达式语言直接生成的，但对于集合中放 JavaBean 实例的情形，则使用了一个<s:bean.../>标签来创建一个 JavaBean 实例。该 JavaBean 的类代码如下：

```
public class BookService
{
    public Book[] getBooks()
    {
        return new Book[]
        {
            new Book("Struts2 应用基础","Mr.Wang"),
            new Book("轻量级 SSH2 整合开发"," Mr.Wang "),
            new Book("Hibernate3.x 开发指南"," Mr.Wang "),
            new Book("EJB3.0 基础教程"," Mr.Wang ")
        };
    }
}
```

上面代码定义了一个 BookService 类，该类里定义了一个 getBooks 方法，就可以通过表达式来直接访问 BookService 实例的 books 属性。该 BookService 中封装的 Book 类就是一个简单的 JavaBean，其类代码如下：

```
public class Book
{
    //定义 Book 类的两个属性
    private String name;
    private String author;
    //定义一个无参数的构造器
    public Book()
    {
    }
    //定义一个无参数的构造器
    public Book(String name , String author)
    {
```

```
        this.name = name;
        this.author = author;
    }
    //此处省略了 name 和 author 属性的 setter 和 getter 方法
    …
}
```

浏览该页面时，将看到如图 7-3 所示的复选框。

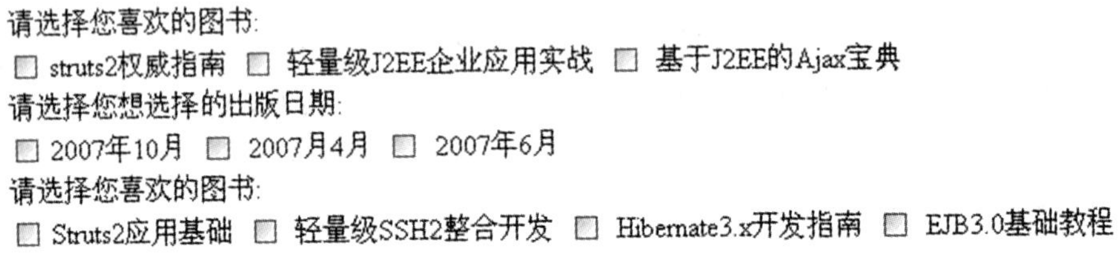

请选择您喜欢的图书：
☐ struts2权威指南　☐ 轻量级J2EE企业应用实战　☐ 基于J2EE的Ajax宝典
请选择您想选择的出版日期：
☐ 2007年10月　☐ 2007月4月　☐ 2007年6月
请选择您喜欢的图书：
☐ Struts2应用基础　☐ 轻量级SSH2整合开发　☐ Hibernate3.x开发指南　☐ EJB3.0基础教程

图 7-3　使用 3 种方式来生成多个复选框

7.4.5　Doubleselect 标签

Doubleselect 标签会生成一个级联列表框(会生成两个下拉列表框)，当选择第一个下拉列表框时，第二个下拉列表框的内容会随之改变。

因为两个都是下拉列表框，所以需要指定两个下拉列表框的选项，常用属性如下：

List：指定用于输出第一个下拉列表框中选项的集合。

listKey：该属性指定集合元素中的某个属性(例如集合元素为 Person 实例，指定 Person 实例的 name 属性)作为第一个下拉列表框的 value。如果集合是 Map，则可以使用 key 和 value 值分别代表 Map 对象的 key 和 value 作为复选框的 value。

ListValue：该属性指定集合元素中的某个属性(例如集合元素为 Person 实例，指定 Person 实例的 name 属性)作为第一个下拉列表框的标签。如果集合是 Map，则可以使用 key 和 value 值分别代表 Map 对象的 key 和 value 作为第一个下拉列表框的标签。

doubleList：指定用于输出第二个下拉列表框中选项的集合。

doubleListKey：该属性指定集合元素中的某个属性(例如集合元素为 Person 实例，指定 Person 实例的 name 属性)作为第二个下拉列表框的 value。如果集合是 Map，则可以使用 key 和 value 值分别代表 Map 对象的 key 和 value 作为复选框的 value。

doubleListValue：该属性指定集合元素中的某个属性(例如集合元素为 Person 实例，指定 Person 实例的 name 属性)作为第二个下拉列表框的标签。如果集合是 Map，则可以使用 key 和 value 值分别代表 Map 对象的 key 和 value 作为第二个下拉列表框的标签。

doubleName：指定第二个下拉列表框的 name 属性。

下面代码示范了使用 doubleselect 标签来生成两个相关的下拉列表框。

```
    <s:form action="x">
        <s:doubleselect label="请选择您喜欢的图书" name="author" list="{'Mr.Wang', 'David'}"
        doubleList="top == 'Mr.Wang' ? {' struts2 应用基础 ',
        '轻量级 SSH2 整合开发 ',' EJB3.0 基础教程'}:
```

```
{'JavaScript: The Definitive Guide'}"
    doubleName="book"/>
</s:form>
```

上面代码表示，第一个下拉列表框使用 "{'Mr.Wang', 'David'}" 集合来创建列表项，而第二个则根据前一个的选择来确定值。doubleList 的值是一个三目运算符表达式，意义是当第一个列表框的值为"Mr.Wang"时，第二个列表框就使用第一个集合来创建列表项，否则使用第二个集合来创建列表项。

在浏览器中浏览该页面，将看到如图 7-4 所示的页面。

图 7-4　使用 Doubleselect 生成级联下拉列表

在默认情况下，第一个下拉列表框只支持两项，如果第一个下拉列表框包含三个或更多的值，这里的 list 和 doubleList 属性就不能这样直接设定了。

7.4.6　Select 标签

Select 标签用于生成一个下拉列表框，使用该标签必须指定 list 属性，系统会使用 list 属性指定的集合来生成下拉列表框的选项。这个 list 属性指定的集合，既可以是普通集合，也可以是 Map 对象，还可以是元素对象的集合。

除此之外，Select 表单还有如下几个常用属性：

listKey：该属性指定集合元素中的某个属性(例如集合元素为 Person 实例, 指定 Person 实例的 name 属性)作为复选框的 value。如果集合是 Map，则可以使用 key 和 value 值分别代表 Map 对象的 key 和 value 作为复选框的 value。

listValue：该属性指定集合元素中的某个属性(例如集合元素为 Person 实例, 指定 Person 实例的 name 属性)作为复选框的标签。如果集合是 Map，则可以使用 key 和 value 值分别代表 Map 对象的 key 和 value 作为复选框的标签。

multiple：设置该列表框是否允许多选。

从上面的介绍中可以看出，Select 标签的用法与 Checkboxlist 标签的用法非常相似。

下面是使用该标签的代码示例，其中分别使用了简单集合、简单 Map 对象、集合里放置 Java 实例来创建 3 个列表框。

```
<s:form>
<!-- 使用简单集合来生成下拉选择框 -->
<s:select name="a" label="请选择您喜欢的图书" labelposition="top"
multiple="true" list="{' struts2 应用基础',' 轻量级 SSH2 整合开发',
    'JavaScript: The Definitive Guide'}"/>
<!-- 使用简单 Map 对象来生成下拉选择框 -->
```

```
<s:select name="b" label="请选择您想选择的出版日期" labelposition="top"
list="#{' struts2 应用基础 ':'2010 年 9 月',
' 轻量级 SSH2 整合开发 ':'2010 年 12 月',
' EJB3.0 基础教程':'2009 年 7 月'}"
listKey="key"
listValue="value"/>


<!-- 创建一个 JavaBean 实例 -->
<s:bean name="com.ssoft.struts2.services.BookService" id="bs"/>
<!-- 使用集合里放多个 JavaBean 实例来生成下拉选择框 -->
<s:select name="c" label="请选择您喜欢的图书" labelposition="top"
    multiple="true"
    list="#bs.books"
    listKey="author"
    listValue="name"/>
</s:form>
```

在浏览器中浏览该页面，将看到如图 7-5 所示的页面。

图 7-5　使用 Select 标签生成列表选择框

7.4.7　Radio 标签

　　Radio 标签的用法与 Checkboxlist 的用法几乎相同，一样可以指定 label、list、listKey 和 listValue 等属性。与 Checkboxlist 唯一不同的是，Checkboxlist 生成多个复选框，而 Radio 生成多个单选框。看下面使用 Radio 标签的代码示例。

```
<s:form>
<!-- 使用简单集合来生成多个单选钮 -->
<s:radio name="a" label="请选择您喜欢的图书" labelposition="top"
list="{' struts2 应用基础','轻量级 SSH2 整合开发',
```

' EJB3.0 基础教程'}"/>

```
<!-- 使用简单 Map 对象来生成多个单选钮 -->
<s:radio name="b" label="请选择您想选择的出版日期" labelposition="top"
list="#{' struts2 应用基础':'2010 年 9 月'
,'轻量级 SSH2 整合开发':'2010 年 12 月'
,' EJB3.0 基础教程':'2009 年 8 月'}"
listKey="key" listValue="value"/>


<!-- 在集合里放多个 JavaBean 实例，来生成多个单选钮 -->
<s:radio name="c" label="请选择您喜欢的作者" labelposition="top"
    list="myList"
    listKey="userName"
    listValue="userId"
/>
</s:form>
```

上面的示例代码与之前使用 Checkboxlist 的示例代码几乎完全相似，只是此处使用的是 Radio 标签。所以上面代码会生成一系列的单选钮。浏览该页面，将可以看到如图 7-6 所示的页面。

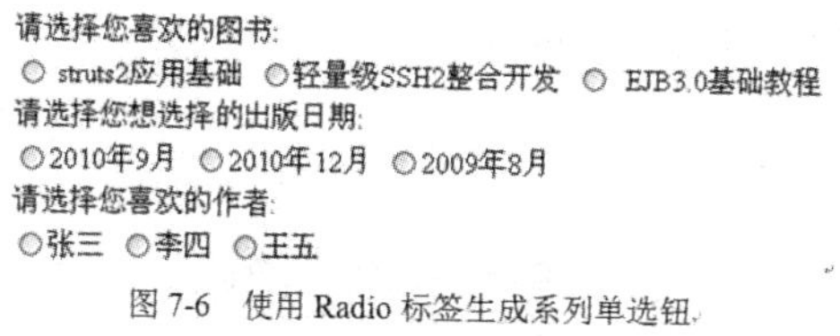

图 7-6　使用 Radio 标签生成系列单选钮

7.4.8　非表单标签

非表单标签主要用于在页面生成一些非表单的可视化元素。标签库中属于用户界面非表单的标签见表 7-21。

表 7-21　非 表 单 标 签

名　　称	描　　述
<s:actionerror>	输出 Action 错误信息
<s:actionmessage>	输出 Action 普通消息
<s:component>	通过指定模板输出一个自定义组件
<s:div>	输出一个<div>标签
<s:fielderror>	输出 action 数据校验中某一个字段的错误信息

<s:actionerror>和<s:actionmessage>标签。这两个标签用法完全一样，作用也几乎完全

一样，都是负责输出 Action 实例里封装的信息，区别是 actionerror 标签负责输出 Action 实例的 getActionError()方法的返回值，而 actionmessage 标签负责输出 Action 实例的 getActionMessage()方法的返回值。

下面是本示例应用中的 Action 类，这个 Action 类仅仅添加了两条 ActionError 和 ActionMessage，并没有做过多处理，下面是 Action 类的代码：

```java
public String execute()
{
    addActionError("第一条错误消息！");
    addActionError("第二条错误消息！");
    addActionMessage("第一条普通消息！");
    addActionMessage("第二条普通消息！");
    return SUCCESS;
}
```

上面的 Action 的 execute 方法仅仅在添加了四条消息后，直接返回 success 字符串，success 字符串对应的 JSP 页面中使用 <s:actionerror/> 和 <s:actionmessage/> 来输出 ActionError 和 ActionMessage 信息。下面是该 JSP 页面中使用这两个标签的示例代码：

```
<!-- 输出 getActionError()方法返回值 -->
<s:actionerror/>


<!-- 输出 getActionMessage()方法返回值 -->
<s:actionmessage />
```

页面显示结果如图 7-7 所示。

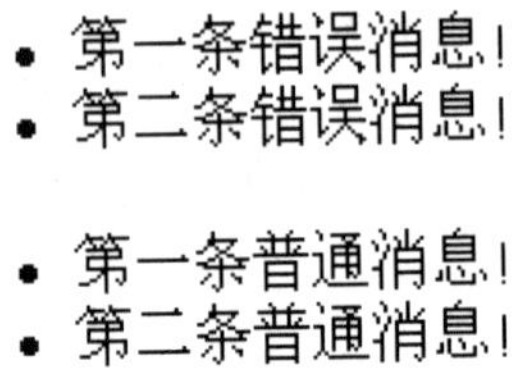

- 第一条错误消息!
- 第二条错误消息!

- 第一条普通消息!
- 第二条普通消息!

图 7-7　效果图

第 8 章　Struts 2 其他功能

Struts 2 框架的功能非常强大，本章学习 Struts 2 框架的其他功能。

8.1　Struts 2 类型转化

所有的 MVC 框架，都需要负责解析 HTTP 请求参数，并将请求参数传给控制器组件。此时问题出现了：HTTP 请求参数都是字符串类型，但 Java 是强类型的语言，因此 MVC 框架必须将这些字符串参数转换成相应的数据类型——这个工作是所有的 MVC 框架都应该提供的功能。

Struts 2 提供了非常强大的类型转换机制。Struts 2 的类型转换可以基于 OGNL 表达式，只要我们把 HTTP 参数(表单元素和其他 GET/POST 的参数)命名为合法的 OGNL 表达式，就可以充分利用 Struts 2 的类型转换机制。

除此之外，Struts 2 提供了很好的扩展性，开发者可以非常简单地开发出自己的类型转换器，完成字符串和自定义复合类型之间的转换(例如，完成字符串到 Person 实例的转换)，如果类型转换中出现未知异常，类型转换器开发者无须关心异常处理逻辑，Struts 2 的 conversionError 拦截器会自动处理该异常，并且在页面上生成提示信息。总之，Struts 2 的类型转换器提供了非常强大的表现层数据处理机制，开发者可以利用 Struts 2 的类型转换机制来完成任意的类型转换。表现层数据的流向以及所需的类型转换如图 8-1 所示。

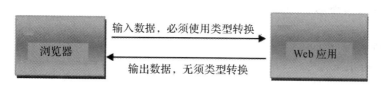

图 8-1　表现层数据的流向和类型转换

表现层另一个数据处理是数据校验，数据校验可分为客户端校验和服务器端校验两种。客户端校验和服务器端校验都是必不可少的，二者分别完成不同的过滤。

客户端校验进行基本校验，如检验非空字段是否为空，数字格式是否正确等。客户端校验主要用来过滤用户的误操作。客户端校验的作用是：拒绝误操作输入提交到服务器处理，降低服务器端负担。

服务器端校验也必不可少，服务器端校验防止非法数据进入程序，导致程序异常、底层数据库异常。服务器端校验是保证程序有效运行及数据完整的手段。

8.1.1　内建的类型转换

对于大部分的常用类型,开发者无须理会类型转换,Struts 2 可以完成大多数常用的类型转换。这些常用的类型转换是通过 Struts 2 内建的类型转换器完成的,Struts 2 已经内建了字符串类型和如下类型之间的相互转换的转换器。

boolean 和 Boolean:完成字符串和布尔值之间的转换。

char 和 Character:完成字符串和字符之间的转换。

int 和 Integer:完成字符串和整型值之间的转换。

long 和 Long:完成字符串和长整型之间的转换。

float 和 Float:完成字符串和单精度浮点值之间的转换。

double 和 Double:完成字符串和双精度浮点值之间的转换。

Date:完成字符串和日期类型之间的转换,日期格式使用用户请求所在的 Locale 的 SHORT 格式。

数组:在默认情况下,数组元素是字符串,如果用户提供了自定义类型转换器,也可以是其他复合类型的数组。

集合:在默认情况下,假定集合元素类型为 String,并创建一个新的 ArrayList 封装所有的字符串。

因为 Struts 2 提供了上面这些类型转换器,所以如果需要把 HTTP 请求参数转换成上面这些类型,则无须开发者进行任何特殊的处理。

8.1.2　自动类型转换

本节通过示例代码学习 Struts 2 内建的类型转换器。

新建一个简单的 Action 文件:

```java
public class AddMaterialAction extends ActionSupport {
    //属性类型需要类型转换的对象
    private Material material;

    public Material getMaterial() {
        return material;
    }

    public void setMaterial(Material material) {
        this.material = material;
    }

    public String execute() throws Exception {
        return SUCCESS;
    }
}
```

在 Action 中需要转换类型的 Java Bean 文件。

```java
public class Material{
    //材料名
    private String material;
    //材料价格
    private Double bid;
    //材料数量
    private int mount;
    //过期时间
    private Date expireDate;

    public String getMaterial() {
        return material;
    }
    public void setMaterial(String material) {
        this.material = material;
    }

    public Double getBid() {
        return bid;
    }
    public void setBid(Double bid) {
        this.bid = bid;
    }
    public Date getExpireDate() {
        return expireDate;
    }
    public void setExpireDate(Date expireDate) {
        this.expireDate = expireDate;
    }
    public int getMount() {
        return mount;
    }
    public void setMount(int mount) {
        this.mount = mount;
    }
}
```

在 Java Bean 中有四个属性以及相对性的 get()和 set()方法。四个属性的类型分别是 String、Double、int、Date 类型。

配置 struts.xml 文件。

```xml
<package name="default" namespace="/" extends="struts-default">
    <action name="addMaterial"
        class="example.AddMaterialAction">
        <result name="input">/addMaterial.jsp</result>
        <result name="success">/showMaterial.jsp</result>
    </action>
</package>
```

新建一个输入页面 addMaterial.jsp，在页面中分别录入对应 Java Bean 的四个属性，看看 Struts 2 内建的类型转换器是否自动工作。

```jsp
<%@ page language="java" contentType="text/html; charset=utf-8"%>
<%@ taglib prefix="s" uri="/struts-tags" %>
<!DOCTYPE html PUBLIC "-//W3C//DTD HTML 4.01 Transitional//EN"
    "http://www.w3.org/TR/html4/loose.dtd">
<html>
<head>
<meta http-equiv="Content-Type" content="text/html; charset=utf-8">
<title>类型转换</title>
</head>
<body>
    <!-- 材料输入表单 -->
    <table>
        <s:form action="addMaterial.action">
        <s:textfield name="material.material" label="材料名"></s:textfield>
        <s:textfield name ="material.bid" label="价格"></s:textfield>
        <s:textfield name ="material.mount" label="库存量"></s:textfield>
        <s:textfield    name ="material.expireDate" label="过期日期"></s:textfield >
        <s:submit value="提交"></s:submit>
        </s:form>
    </table>
</body>
</html>
```

在页面中输入相应的值，效果如图 8-2 所示。

图 8-2　页面效果图

当点击提交按钮后，页面跳转到 Action 并跳转到 showMaterial.jsp 页面展现给用户。showMaterial.jsp 代码如下，主要通过 Struts 2 的<s:property>标签输出前面从 Action 转过来的变量值。

```
<%@ page language="java" contentType="text/html; charset=utf-8"%>
<%@ taglib prefix="s" uri="/struts-tags" %>
<!DOCTYPE html PUBLIC "-//W3C//DTD HTML 4.01 Transitional//EN"
 "http://www.w3.org/TR/html4/loose.dtd">
<html>
<head>
<meta http-equiv="Content-Type" content="text/html; charset=utf-8">
<title>类型转换器</title>
</head>
<body>
 <center>
 <!-- 材料数据显示 -->
    材料名：  <s:property value="material.material" ></s:property>   </br>
    价格：    <s:property value="material.bid" ></s:property>   </br>
    库存量：   <s:property value="material.mount" ></s:property>   </br>
    过期日期： <s:property value="material.expireDate" ></s:property> </br>
</center>
</body>
</html>
```

页面中的变量值已经转换成对应的数据类型，不再全部是在 addMaterial.jsp 页面中的字符串类型了，页面效果如图 8-3 所示。

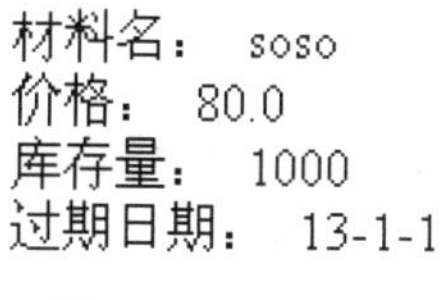

```
材料名： soso
价格： 80.0
库存量： 1000
过期日期： 13-1-1
```

图 8-3　页面效果图

8.1.3　类型转换中的错误

表现层数据是由用户输入的，用户输入则是非常复杂的，正常用户的偶然错误，还有恶意 Cracker(破坏者)的恶意输入，都可能导致系统出现非正常情况。例如，在输入页面中，我们希望用户输入 scott,tiger 模式的字符串，希望用户输入的字符串用一个英文逗号作为用户名和密码的分隔符，如果用户输入多于一个的英文逗号，或者没有输入英文逗号，都将引起系统异常——因为上面的类型转换器将无法正常分解出用户名和密码。

实际上，表面层数据涉及的两个处理：数据校验和类型转换是紧密相关的，只有当输入数据是有效数据时，系统才可以进行有效的类型转换——当然，有时候即使用户输入的数据能进行有效转换，但依然是非法数据(假设需要输入一个人的年龄，输入 200 则肯定是非法数据)。因此，有效的类型转换是基础，只有当数据完成了有效的类型转换，下一步才能做数据校验。

Struts 2 提供了一个名为 conversionError 的拦截器，这个拦截器被注册在默认的拦截器栈中。我们查看 Struts 2 框架的默认配置文件 struts-default.xml，该文件中有如下配置片段：

```
<interceptor-stack name="defaultStack">
    <! -- 省略其他拦截器引用 -->
    …
    <! -- 处理类型转换错误的拦截器 -->
    <interceptor-ref name="conversionError"/>
    <! -- 处理数据校验的拦截器 -->
    <interceptor-ref name="validation">
        <param name="excludeMethods">input,back,cancel,browse</param>
    <interceptor-ref>
    <! -- 省略其他拦截器-->
    …
</interceptor-stack>
```

在上面默认拦截器栈中包含了 conversionError 拦截器引用，如果 Struts 2 的类型转换器执行类型转换时出现错误，该拦截器将负责将对应错误封装成表单域错误(fieldError)，并将这些错误信息放入 ActionContext 中。

显然，conversionError 拦截器实际上是 AOP 中的 Throws 处理。Throws 处理当系统抛出异常时启动，负责处理异常。通过这种方式，Struts 2 的类型转换器中只完成类型转换逻辑，而无须关心异常处理逻辑。因此，我们看到上面的类型转换器无须进行任何异常处理逻辑。

图 8-4 显示了 Struts 2 类型转换中的错误处理流程。

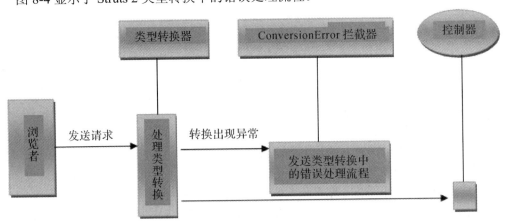

图 8-4　　Struts 2 类型转换中的错误处理流程

图 8-4 只显示了类型转换器、conversionError 拦截器和控制器之间的顺序图，并未完全刻画出系统中其他成员。当 conversionError 拦截器对转换异常进行处理后，系统会跳转

到名为 input 的逻辑视图。

我们再来看上面自动类型转换的示例，在 addMaterial.jsp 页面中输入无法转换的数值，例如，价格属性对应的文本输入框，本来应该输入数值，但是现在输入不是数值的字符。页面效果如图 8-5 所示。

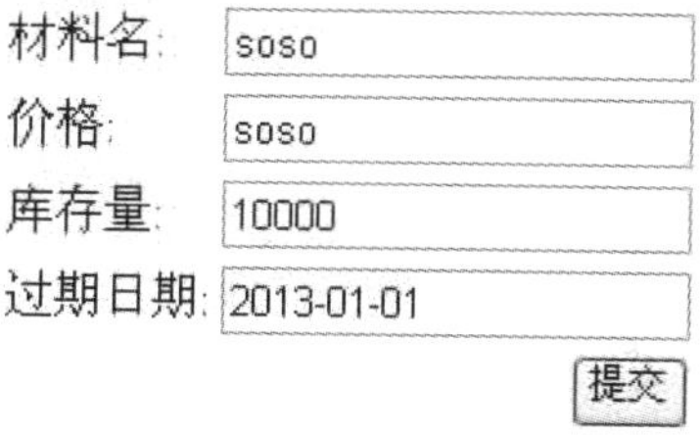

图 8-5　页面效果图

由于价格属性无法转换，系统会出现转换错误。这个错误 Struts 2 框架已经帮我们捕获处理。后台日志如下：

警告: Error setting expression 'material.bid' with value '[Ljava.lang.String;@9b9a30'

ognl.MethodFailedException:　Method　"setBid"　failed　for　object　example.Material@ff2be8

[java.lang.NoSuchMethodException: example.Material.setBid([Ljava.lang.String;)]

Struts 2 框架会转入 input.jsp 页面，等待用户再次输入。Struts 2 会负责将转换错误封装成 FieldError，并将其放在 ActionContext 中，这样就可以在对应视图中输出转换错误，如图 8-6 所示。

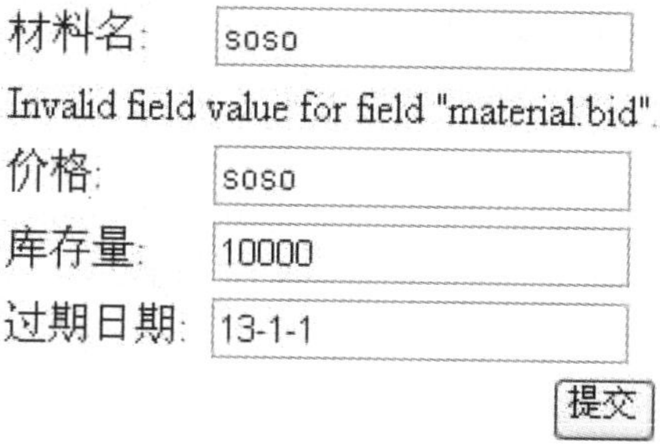

图 8-6　效果图

8.1.4　定义局部异常提示

在默认情况下，使用<s:fielderror/>标签会输出 Invalid field value for field xxx 的错误信息，其中 xxx 是 Action 中属性名，也是该属性对应的请求参数名。例如图 8-6 中输出了 Invalid field value for field "material.bid" 的提示。但是有时候我们希望自定义输出提示可能更加人性化，此时可使用定义局部属性文件，在该文件中定义类型转换发生异常时会提示错误。

我们在 Action 文件同目录下定义了名为"ActionName.properties"的属性文件，在该属性文件中对类型转换错误的属性进行定义。其中"material.bid"就是输入数据的 JSP 页面中定义的 field 的 name。而"invalid.fieldvalue"则是固定不变的格式。这样设置后，系统就会在发生类型转换错误时候在页面上显示属性文件中定义的类型转换错误的提示信息。

在 Action 文件 AddMaterialAction.java 的相同目录下面，新建 AddMaterialAction.properties 文件。经过上面更改后，异常输出提示如图 8-7 所示。

#Action 属性类型转换错误提示

invalid.fieldvalue.material.bid=\u6750\u6599\u4EF7\u683C\u8F93\u5165\u9519\u8BEF

#材料价格输入错误

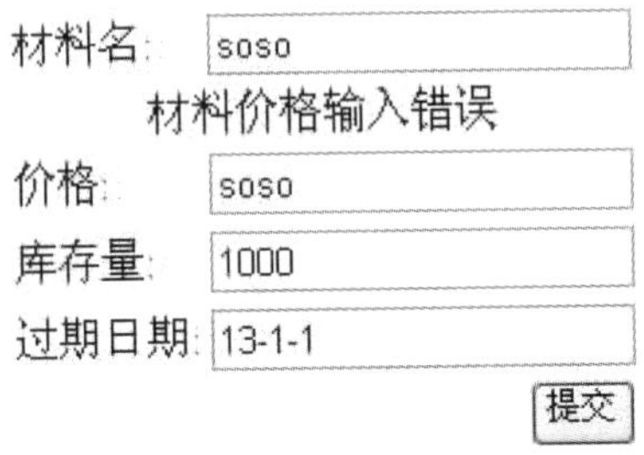

图 8-7　效果图

8.1.5　定义全局异常提示

为每个 Action 定义局部异常提示有时是必要的，但实际工作一般会定义一个全局的异常提示的属性文件。

先在 struts.properties 属性文件中更改自定义的属性文件名称。

struts.custom.i18n.resources=messageResource

添加自定义的属性文件 messageResource.properties。

#{0}类型转换错误

xwork.default.invalid.fieldvalue={0}\u7c7b\u578b\u8f6c\u6362\u9519\u8bef

在 addMaterial.jsp 页面中输入无法转换的数值。现在错误提示使用了全局自定义的提示，其实也就是修改了系统默认的 xwork.default.invalid.fieldvalue 属性值，效果如图 8-8 所示。

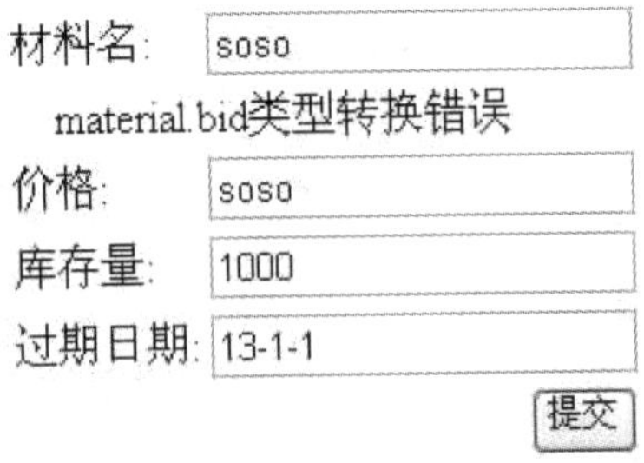

图 8-8　效果图

注意：属性文件中的"{0}"其实是占位符号，如果有多个属性的类型转换有异常发生，可依次以"{0}""{1}"定义多个属性。然后这些属性名会自动一一对应于属性文件中的定义。比如该示例中是"material.bid"则"{0}"中代表的就是它。所以在异常信息提示的页面上显示的是"material.bid 类型转换错误"。

8.1.6　自定义类型转换器

很多时候在转换类型时需要转换为特定的类型，例如为需要转换的字符串加个前缀等。在前面学习 Struts 2 标签时，已经学习过一种自定义类型转换的方法。不过这种方法需要在标签的 converter 属性中指定 Action 转换器。本节学习在 Struts 2 中通过配置文件管理自定义转化器。

Struts 2 的类型转换器实际上是基于 OGNL 实现的，在 OGNL 项目中有一个 ognl.TypeConverter 接口，这个接口就是实现类型转换器必需的接口。不过 ognl.TypeConverter 接口中的方法过于复杂，所以 OGNL 项目提供了一个该接口的实现类：ognl.DefaultTypeConverter，通过继承该类实现类型转换器。

新建一个自定义的类型转换器，它继承了 ognl.DefaultTypeConverter，具体代码如下：

```
public class MyConverter extends DefaultTypeConverter   {
    @Override
    public Object convertValue(Map context, Object value, Class toType) {
        return "materialName-"+((String[])value)[0];
    }
}
```

在自定义的类型转换器 MyConverter 中，重写了 convertValue()方法。该方法完成类型转换。不过这种类型转换是双向的，当需要把字符串转化对象实例时，通过该方法实现，当把对象实例转换成字符串时也通过该方法实现。这种转换是通过 toType 参数类型是需要转换的目标类型。所以可以根据 toType 参数来判断转换方向。

convertValue()方法参数和返回意义。

第一个参数：context 是类型转换环境的上下文。

第二个参数：value 是需要转换的参数，根据转换方向的不同 value 参数的值也是不一样的。该参数是一个字符串数组类型，因为对于 DefaultTypeConverter 转换器而言，它必须考虑到最通用的情形，因此他把所有请求参数都视为字符串数组而不是字符串。相当于 getParameterValues()获取的参数值。

第三个参数：toType 是转换后的目标类型。

返回值：类型转换后的值。该值的类型也会随着转换的方向的改变而改变。由此可见转换的 convertValue 方法接受需要转换的值，需要转换的目标类型为参数，然后返回转换后的目标值。

完成自定义类型转换器编码后，通过属性文件注册并配置类型转换器。和定义局部异常提示的属性文件一样，在 Action 文件 AddMaterialAction.java 目录下面新建一个属性文件，文件命名规则是<Action 名字>-conversion.properties，所以为 AddMaterialAction.java 定义的属性文件名称为 AddMaterialAction.properties。

在 AddMaterialAction.properties 文件中添加代码：

material.material=example.MyConverter

代码中 "material.material" 是指定转换 addMaterial.jsp 页面中 "材料名" 属性，转换

器为自定义的 example.MyConverter 类。

我们运行工程测试一下。在 addMaterial.jsp 页面输入测试数据，效果如图 8-9 所示。

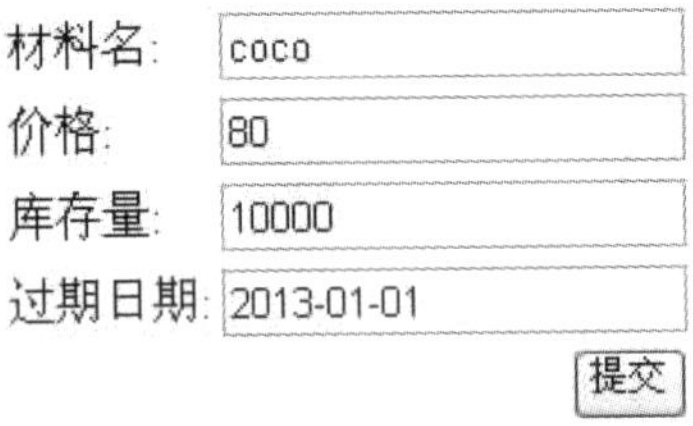

图 8-9　效果图

点击提交按钮后，"材料名"属性会通过自定义的类型转换器进行转换，在自定义类型转换器中把"材料名"属性自动添加前缀"materialName"，转换后的页面效果如图 8-10 所示。

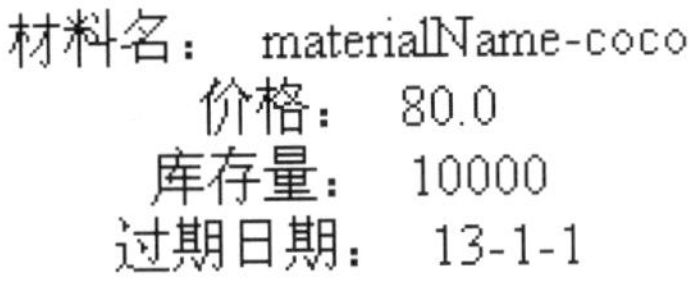

图 8-10　效果图

8.2　Struts 2 输入校验

8.2.1　Struts 2 输入校验支持

输入校验也是所有 Web 应用必须处理的问题，因为 Web 应用的开放性，网络上所有的浏览者都可以自由使用该应用，因此该应用通过输入页面收集的数据是非常复杂的，不仅会包含正常用户的误输入，还可能包含恶意用户的恶意输入。一个完善的应用系统必须将这些非法输入阻止在应用之外，防止这些非法输入进入系统，这样才可以保证系统不受影响。

对于异常输入，轻则导致系统正常中断，重则导致系统崩溃。应用程序必须能正常处理表现层接收的各种数据，通常的做法是遇到异常输入应用程序直接返回，提示浏览者必须重新输入，也就是将那些异常输入过滤掉。对异常输入的过滤，就是输入校验，也称为数据校验。

输入校验分为客户端校验和服务器端校验，客户端校验主要是过滤正常用户的误操作，主要通过 JavaScript 代码完成；服务器端校验是整个应用阻止非法数据的最后防线，主要通过在应用中编程实现。

Struts 2 框架提供了强大的类型转换机制，也提供了强大的输入校验功能，Struts 2 的输入校验既包括服务器端校验也包括客户端校验。

Struts 2 提供了基于验证框架的输入校验，在这种校验方式下，所有的输入校验只需要编写简单的配置文件，Struts 2 的验证框架将会负责进行服务器校验和客户端校验。

下面应用将会示范如何利用 Struts 2 的校验框架进行输入校验。使用 Struts 2 的校验框架进行校验无须对程序代码进行任何改变，只需编写校验规则文件即可，校验规则文件指定每个表单域应该满足怎样的规则。本应用的表单代码如下：

```
<%@ page contentType="text/html; charset=UTF-8" %>
<%@ taglib prefix="s" uri="/struts-tags" %>
<html>
<head>
    <title>注册</title>
</head>
<body>
<s:form action="regist.action"    validate="true">
  <!-- 各标签定义 -->
  <s:textfield name="name" label="用户名"/>
  <s:password name="pass" label="密   码" />
  <s:textfield name="age" label="年龄"/>
  <s:textfield name="birth" label="生日"/>
  <s:submit value="注册" align="center"/>
</s:form>
</body>
</html>
```

上面代码定义了 4 个表单域，这 4 个表单域分别对应 name、pass、age 和 birth 这 4 个请求参数，假设本应用要求这 4 个请求参数满足如下规则：

① name 和 pass 只能是字母和数组，且长度必须在 4 至 25 之间。

② 年龄必须是 1 至 150 之间的整数。

③ 生日必须在 1900-01-01 和 2050-02-21 之间。

下面是请求对应的 Action 代码：

```
public class RegistAction extends ActionSupport {
    private String name;
    private String pass;
    private int age;
    private Date birth;
    //此处省略了 4 个属性的 setter 和 getter 方法
    //...
}
```

在上面 Action 中，我们仅提供了 4 个属性来封装用户的请求参数，并为这 4 个参数提供了对应的 setter 和 getter 方法。该 Action 继承了 ActionSupport 类，因此它包含了一个 execute 方法，且该方法直接返回 success 字符串，这个 Action 不具备任何输入校验的功能。

但通过该 Action 指定一个校验规则文件后，即可利用 Struts 2 的输入校验功能对该 Action 进行校验。下面是本应用所使用的输入校验文件。

```xml
<?xml version="1.0" encoding="GBK"?>
<!-- 指定校验配置文件的 DTD 信息 -->
<!DOCTYPE validators PUBLIC "-//OpenSymphony Group//XWork Validator 1.0.3//EN"
"http://www.opensymphony.com/xwork/xwork-validator-1.0.3.dtd">
<!-- 校验文件的根元素 -->
<validators>
<!-- 校验 Action 的 name 属性 -->
<field name="name">
  <!-- 指定 name 属性必须满足必填规则 -->
  <field-validator type="requiredstring">
      <param name="trim">true</param>
      <message>必须输入名字</message>
  </field-validator>
  <!-- 指定 name 属性必须匹配正则表达式 -->
  <field-validator type="regex">
      <param name="expression"><![CDATA[(\w{4,25})]]></param>
      <message>您输入的用户名只能是字母和数字，且长度必须在 4 到 25 之间</message>
  </field-validator>
</field>
  <!-- 校验 Action 的 pass 属性 -->
<field name="pass">
  <!-- 指定 pass 属性必须满足必填规则 -->
  <field-validator type="requiredstring">
      <param name="trim">true</param>
      <message>必须输入密码</message>
  </field-validator>
  <!-- 指定 pass 属性必须满足匹配指定的正则表达式 -->
  <field-validator type="regex">
      <param name="expression"><![CDATA[(\w{4,25})]]></param>
      <message>您输入的密码只能是字母和数字，且长度必须在 4 到 25 之间</message>
  </field-validator>
</field>
  <!-- 指定 age 属性必须在指定范围内-->
<field name="age">
  <field-validator type="int">
      <param name="min">1</param>
      <param name="max">150</param>
      <message>年纪必须在 1 到 150 之间</message>
  </field-validator>
```

```
</field>
<!-- 指定 birth 属性必须在指定范围内-->
<field name="birth">
  <field-validator type="date">
      <!-- 下面指定日期字符串时，必须使用本 Locale 的日期格式 -->
      <param name="min">1900-01-01</param>
      <param name="max">2050-02-21</param>
      <message>生日必须在${min}到${max}之间</message>
  </field-validator>
</field>
</validators>
```

校验规则文件的根元素是<validators.../>元素，<validators.../>元素可包含多个<field.../>或<field-validators.../>元素，它们都用于配置校验规则，区别是：< field -validators.../>是字段校验器的配置风格，而<validators.../> 是非字段校验器的配置风格。

Struts 2 的校验文件则与 Struts1 的校验文件设计方式不同，Struts 2 中每个 Action 都有一个校验文件，因此该文件的文件名应该遵守如下规则：

　　　　<Action 名字>-validation.xml

前面的 Action 名是可以改变的，后面的 validation.xml 部分总是固定的，且该文件应该被保存在与 Action class 文件相同的路径下。

增加了该校验文件后，其他部分无须任何修改，系统会自动加载该文件，当用的提交请求时，Struts 2 的校验框架会根据该文件对用户请求进行校验。如果浏览者的输入不满足校验规则，将可以看到如图 8-11 所示的页面。

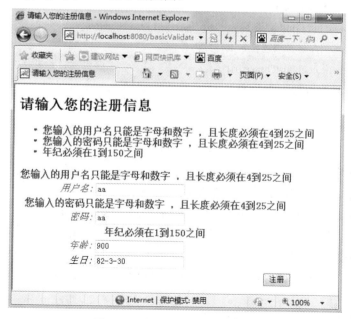

图 8-11　输出信息校验错误提示

从 8-11 中可以看出，这种基于 Struts 2 校验框架的校验方式完全可以替代手动校验，而且这种校验方式的可重用性非常高，只需要在配置文件中配置校验规则，即可完成数据校验，无须用户书写任何的数据校验代码。

8.2.2　手动完成输入校验

基于 Struts 2 校验器的校验可以完成绝大部分输入校验，但这些校验器都具有固定的校验逻辑，无法满足一些特殊的校验规则。对于一些特殊的校验要求，可能需要在 Struts 2 中进行手动校验。Struts 2 提供了良好的可扩展性，从而允许通过手动方式完成自定义校验。

本应用一样采用前面的注册页面，但现在我们要求 name 请求参数的值必须包含 crazyit 字符串。现在我们通过重写 ActionSupport 类的 validate()方法来进行这种校验。

下面的示例将对上面的注册应用进行改进，为上面的 Web 应用增加 Struts 2 支持。增加 Struts 2 支持后，将通过如下的 Action 来处理用户请求。下面的 Action 仅仅重写了 ActionSupport 类的 validate 方法。下面是重写 validate()方法后的 RegistAction 代码。

```
public class RegistAction extends ActionSupport {
    private String name;
    private String pass;
    private int age;
    private Date birth;
    //省略了 4 个属性的 setter 和 getter 方法
    …

    public void validate(){
        System.out.println("进入 validate 方法进行校验"+ name);
        //要求用户名必须包含 bruce 子串
        if(!name.contains("bruce")){
            addFieldError("name" , "您的用户名必须包含 bruce！ ");
        }
    }
}
```

上面的粗体字代码重写了 validate 方法，在 validate 方法中一旦发现校验失败，就把校验失败提示通过 addFieldError 方法添加进系统的 FieldError 中，这与类型转换失败后的处理是完全一样的。除此之外，程序无须做额外的处理，如果 Struts 2 发现系统的 FieldError 不为空，将会自动跳转到 input 逻辑视图，因此依然必须在 struts.xml 文件中为该 Action 的 input 逻辑视图指定视图资源。

除此之外，为了在 input 视图对应的 JSP 页面中输出错误提示，应该在该页面中增加如下代码：

```
<! -- 输出类型转换失败提示和校验失败提示 -->
<s:fielderror/>
```

上面的<s:fielderror/>标签专门负责输出系统的 FieldError 信息，也就是输出系统的类型转换失败提示和输入校验的失败提示。如果在输入页面什么都不输入，我们将会看到如图 8-12 所示的页面。

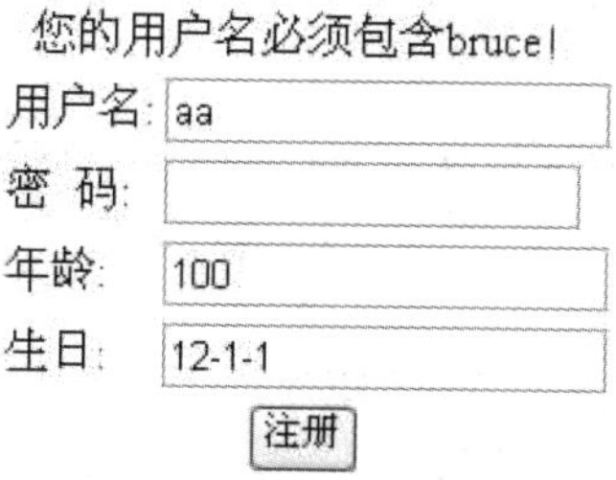

图 8-12　重写 validate 方法完成输入校验

在上面的 validate 方法中，如果校验失败，我们直接添加了校验失败的提示信息，并没有考虑国际化的问题。但这并不是太大的问题，因为 ActionSupport 类里包含了一个 getText 方法，该方法可以取得国际化信息。

Struts 2 的 Action 类里可以包含多个处理逻辑，不同的处理逻辑对应不同的方法。即 Struts 2 的 Action 类里定义了几个类似于 execute 方法，只是方法名不是 execute。

如果我们的输入校验只想校验某个处理逻辑，也就是仅校验某个处理方法，则重写 validate 方法显然不够，validate()方法无法知道需要校验哪个处理逻辑。实际上，如果我们重写了 Action 的 validate 方法，则该方法会校验所有的处理逻辑。

为了实现校验指定处理逻辑的功能，Struts 2 的 Action 允许提供一个 validateXxx()方法。其中 Xxx 即是 Action 对应的处理逻辑方法。

下面对上面的 Action 进行改写，为该 Action 增加 regist，并增加 validateRegist()方法。修改后 RegistAction 类代码如下：

```
public class RegistAction extends ActionSupport {
    private String name;
    private String pass;
    private int age;
    private Date birth;
    //此处省略 4 个属性的 setter 和 getter 方法
    …

    public void validate(){
        System.out.println("进入 validate 方法进行校验"+ name);
        //要求用户名必须包含 bruce 子串
        if(!name.contains("bruce")){
            addFieldError("name" , "您的用户名必须包含 bruce！ ");
        }
    }
```

```java
public void validateRegist(){
    System.out.println("进入 validate 方法进行校验" + name == null);
    //要求用户名必须包含 bruce 子串
    if(!name.contains("bruce"))
    {
        addFieldError("name" ,"您的用户名必须包含 bruce!");
    }
}
//增加一个 regist 方法，对应一个处理逻辑
public String regist(){
    return SUCCESS;
}
}
```

实际上，上面的 validateRegist 方法与前面的 regist 方法大致相同，此处仅仅是为了讲解如何通过提供 validateXxx 方法来实现只校验某个处理逻辑。

为了让该 Action 的 regist 方法来处理用户请求，必须在 struts.xml 文件中指定该方法。struts.xml 文件的代码如下：

```xml
<?xml version="1.0" encoding="GBK"?>
<!DOCTYPE struts PUBLIC
"-//Apache Software Foundation//DTD Struts Configuration 2.3//EN"
"http://struts.apache.org/dtds/struts-2.3.dtd">
<struts>

<!--  配置了一个 package 元素  -->
<package name="default" namespace="/" extends="struts-default">

  <action name="regist"
      class="example.RegistAction" method="regist">
      <result name="input">/Register2.jsp</result>
      <result name="success">/Welcome.jsp</result>
  </action>

</package>
</struts>
```

在上面名为 regist 的 Action 中，指定使用了 example.RegistAction 的 regist 方法处理用户请求。如果浏览者再次向 regist.action 提交请求，该请求将由 example.RegistAction 的 regist 处理逻辑处理。

如果我们在本应用的 regist.jsp 页面中不输入任何信息，直接提交请求，将看到如图 8-13 所示的页面。

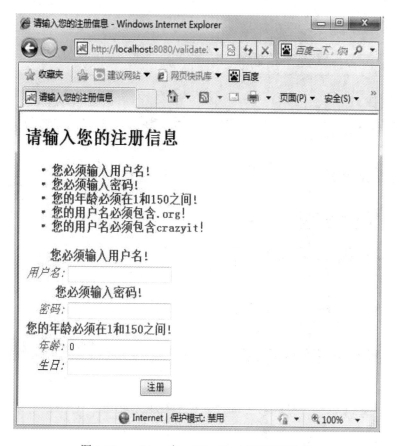

图 8-13　validate 和 validateXxx 方法同时作用

当用户向 regist 方法发送请求时，该 Action 内的 validate 方法和 validateRegist 方法都会起作用，而且 validateRegist 方法首先被调用。

不管用户向 Action 的哪个方法发送请求，Action 内的 validate 方法都会被调用。如果该 Action 内还有该方法对应的 validateXxx 方法，则该方法会在 validate 方法之前被调用。

通过上面示例的介绍，不难发现 Struts 2 的输入校验需要经过如下几个步骤：

① 类型转换器负责对字符串的请求参数执行类型转换，并将这些值设置成 Action 的属性值。

② 在执行类型转换过程中可能出现异常，如果出现异常，将异常信息保存到 ActionContext 中，conversionError 拦截器负责将其封装到 FieldError 里，然后执行第③步如果转换过程中没有出现异常信息，则直接进入第③步。

③ 使用 Struts 2 应用中所配置的校验器进行输入校验。

④ 通过反射调用 validateXxx()方法，其中 Xxx 是即将处理用户请求的处理逻辑所对应的方法。

⑤ 调用 Action 类里的 validate()方法。

⑥ 如果经过上面 5 步都没有出现 FieldError，将调用 Action 里处理用户请求的处理方法；如果出现了 FieldError，系统将转入 input 逻辑视图所指定的视图资源。图 8-14 显示了 Struts 2 表现层数据的整套处理流程。

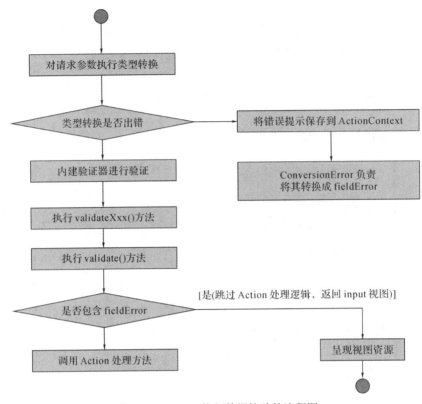

图 8-14　Struts 2 执行数据校验的流程图

8.3　Struts 2 国际化

　　程序国际化是商业系统的一个基本要求，因为今天的软件系统不再是简单的单机程序，往往都是一个开放系统，需要面对来自全世界各个地方的浏览者。因此，国际化是商业系统中不可或缺的一部分。

　　对于程序国际化，struts1 已经做得相当不错了，它极大地简化了程序国际化开发中所需的工作。只需要在 struts-config.xml 文件中加载国际化资源文件，再在页面中用 <bean:message>标志输出即可。但这种国际化也有一些弱点：国际化文件过于庞大，不利于模块化开发等。

　　Struts 2 的国际化是建立在 Java 国际化的基础之上，一样也是通过提供不同国家/语言环境的消息资源，然后通过 ResourcesBundle 加载指定 Locele 对应的资源文件，再取得该资源文件中指定 key 对应的消息——整个过程与 Java 程序的国际化完全相同，只是 Struts 2 框架对 Java 程序国际化进行了进一步封装，从而简化了应用程序的国际化。

8.3.1　加载全局资源文件

　　Struts 2 提供了很多加载国际化资源文件的方式，最简单、最常用的就是加载全局的国际化资源文件，加载全局的国际化资源文件的方式通过配置常量来实现。不管在 struts.xml 文件中配置常量，还是在 struts.properties 文件中配置常量，只需要配置 struts.custon.i18n.resources 常量即可。

配置 struts.custon.i18n.resources 常量时，该常量的值为全局国际化资源文件的 baseName。

一旦指定了全局的国际化资源文件，即可实现程序的国际化。

假设系统需要加载的国际化资源文件的 baseName 为 messageResource，则我们可以在 struts.properties 文件中指定如下一行：

　　#指定 Struts 2 国际化资源文件的 baseName 为 messageResource

　　struts.custon.i18n.resources=messageResource

　　或者在 struts.xml 文件中配置如下的一个常量：

　　<-- #指定 Struts 2 国际化资源文件的 baseName 为 messageResource -->

　　<constant name="struts.custom.i18n.resources" value="messageResource"/>

通过这种方式加载国际化资源文件后，Struts 2 应用就可以在所有的地方取出这些国际化资源文件了，包括 JSP 页面和 Action。

8.3.2　访问国际化消息

以上的例子都是用户必须通过单击按钮，才能触发 click 事件，但是有时，需要通过模拟用户操作，来达到单击的效果。例如在用户进入页面后，就触发 click 事件，而不需要用户去主动单击。

Struts 2 既可以在 JSP 页面中通过标签来输出国际化消息，也可以在 Action 类中输出国际化消息。不管采用哪种方式，Struts 2 都提供了非常简单的支持。

Struts 2 访问国际化消息主要有如下 3 种方式：

① 为了在 JSP 页面中输出国际化消息，可以使用 Struts 2 的<s:text.../>标签，该标签可以指定一个 name 属性，该属性指定了国际化资源文件中的 key。

② 为了在 Action 类中访问国际化消息，可以使用 ActionSupport 类的 getText()方法，该方法可以接受一个 name 参数，该参数指定了国际化资源文件中的 key。

③ 为了在表单元素的 Label 里输出国际化消息，可以为该表单元素标签指定一个 key 属性，该 key 指定了国际化资源文件中的 key。

假设系统提供如下两份资源文件：

　　#资源文件的内容就是 key-value 对

　　loginPage=Login Page

　　errorPage=Error Page

　　succPage=Welcome Page

　　failTip=Sorry,you can\u2019t log in!

　　succTip=Welcome ,you has logged in!

　　user=User Name

　　pass=User Pass

　　login=Login

上面文件以 messageResource_en_US.properties 文件名保存，表明该国际化资源文件的

baseName 是 messageResource，这是美国英语的资源文件。

接下来为该应用提供中文环境的资源文件，文件名为_zh_CN.properties 保存，表明该国际化资源文件的 baseName 是 messageResource，这是中文的资源文件。资源文件代码如下：

```
#登录页面
loginPage=\u767B\u5F55\u9875\u9762
#错误页面
errorPage=\u9519\u8BEF\u9875\u9762
#成功页面
succPage=\u6210\u529F\u9875\u9762
#对不起，您不能登录！
failTip=\u5BF9\u4E0D\u8D77\uFF0C\u60A8\u4E0D\u80FD\u767B\u5F55\uFF01
#欢迎，您已经登录！
succTip=\u6B22\u8FCE\uFF0C\u60A8\u5DF2\u7ECF\u767B\u5F55\uFF01
#用户名
user=\u7528\u6237\u540D
#密码
pass=\u5BC6\u7801
#登录
login=\u767B\u5F55
```

提供了上面两份资源文件后，通过上一节所介绍的方式加载国际化资源文件，系统会根据浏览者所在的 Locale 来加载对应的语言资源文件。

下面是 login.jsp 页面代码。

```
<%@ page contentType="text/html; charset=UTF-8" %>
<%@ taglib prefix="s" uri="/struts-tags" %>
<html>
<head>
<!-- 使用 s:text 标签输出国际化消息 -->
<title><s:text name="loginPage"/></title>
</head>
<body>
<s:form action="Login">
<!-- 在表单元素中使用 key 来指定国际化消息的 key -->
<s:textfield name="username" key="user"/>
<s:textfield name="password" key="pass"/>
<s:submit key="login"/>
</s:form>
</body>
</html>
```

上面的 JSP 页面中使用了<s:text.../>标签来直接输出国际化信息,也通过在表单元素中指定 key 属性来输出国际化消息。通过这种方式,就可以完成 JSP 页面中普通文本、表单元素标签的国际化。如果在简体中文环境下,浏览该页面将看到如图 8-15 所示的页面。

图 8-15 简体中文环境下的页面

如果在控制面板中修改语言/区域,将机器的语言/区域环境修改成美国英语环境,再次浏览该页面,将看到如图 8-16 所示的页面。

图 8-16 美国英语环境下的页面

如果为了在 Action 中访问国际化消息,则可以利用 ActionSupport 类的 getText 方法。下面是本示例应用中 Action 类的代码。

```java
public class LoginAction extends ActionSupport {
    //定义封装请求参数的两个属性
    private String username;
    private String password;
    //省略 username 和 password 的 setter 和 getter 方法

    public String execute() throws Exception
    {
        ActionContext ctx = ActionContext.getContext();
        if (getUsername().equals("bruce")
            && getPassword().equals("bruce") )
```

```
        {
            ctx.getSession().put("user" , getUsername());
            ctx.put("tip" , getText("succTip"));
            return SUCCESS;
        }
        else
        {
            ctx.put("tip" , getText("failTip"));
            return ERROR;
        }
    }
}
```

上面代码 ctx.put("tip" , getText("succTip"));取出了国际化资源文件中的 key 为 succTip 的信息,并将其设置成 request 范围的属性。通过这种方式,即使 Action 需要设置在下一个页面显示的信息,也无须直接设置字符串常量,而是使用国际化消息的 key 来输出,从而实现程序的国际化。

8.3.3　使用占位符

在 Java 程序的国际化中,我们可以使用 MessageFormat 类来完成填充这些占位符。而 struts 2 则提供了更简单的方式来填充占位符,struts 2 中提供了如下两种方式来填充消息字符串中占位符。

① 如果需要在 JSP 页面中填充国际化消息里的占位符,则可以通过在<s:text.../>标签中使用多个<s:param.../>标签来填充消息中的占位符。第一个<s:param.../>标签指定第一个占位符值,第二个<s:param.../>标签指定第二个占位符值……

② 如果需要在 Action 中填充国际化消息里的占位符,则可以通过在调用 getText 方法时使用 getText(String aTextName,List args)或 getText(String key,Srting[] args)方法来填充占位符。该方法的第二个参数既可以是第一个字符串数组,也可以是字符串组成的 List 对象,从而完成对占位符的填充。其中字符串数组、字符串集合中第一个元素将填充第一个占位符,字符串数组、字符串集合中第二个元素将填充第二个占位符……

假设国际化资源文件中有如下 3 条国际化消息:

#三条带占位符的国际化消息

#{0}, 对不起,您不能登录!

failTip={0}, \u5BF9\u4E0D\u8D77\uFF0C\u60A8\u4E0D\u80FD\u767B\u5F55\uFF01

#{0}, 欢迎,您已经登录!

succTip={0}, \u6B22\u8FCE\uFF0C\u60A8\u5DF2\u7ECF\u767B\u5F55\uFF01

#{0}, 您好! 现在时间是{1}!

welcomeMsg={0}, \u60A8\u597D\uFF01\u73B0\u5728\u65F6\u95F4\u662F{1}\uFF01

这 3 条国际化消息对应的英文消息如下:

failTip={0}, Sorry, You can\u2019t log in!

succTip={0}, Welcome, you has logged in\uFF01

welcomeMsg={0}, Hello!Now is {1}\uFF01

　　为了在 Action 类中输出带占位符的消息，我们在 Action 类中调用 ActionSupport 类的 getText 方法，调用该方法时，传入用于填充点位符的参数值。访问该带占位符消息的 Action 类如下：

```
public class LoginAction extends ActionSupport {
    //定义封装请求参数的两个属性
    private String username;
    private String password;
    //省略 username 和 password 的 setter 和 getter 方法

    public String execute() throws Exception
    {
        ActionContext ctx = ActionContext.getContext();
        if (getPassword().equals("bruce") ){
            ctx.getSession().put("username" , getUsername());

            //根据 key 取出国际化消息，并为占位符指定值。
            ctx.put("tip" , getText("succTip", new String[]{getUsername()}));

            return SUCCESS;
        }else{
            //根据 key 取出国际化消息，并为占位符指定值。
            ctx.put("tip" , getText("failTip", new String[]{getUsername()}));
            return ERROR;
        }
    }
}
```

　　通过上面带 getText 方法，就可以为国际化消息的占位符指定必需的值了。

　　为了在 JSP 页面中输出带两个占位符的国际化消息，只需要为<s:text.../>标签指定两个 <s:param.../>子标签即可。下面是 welcome.jsp 页面的代码。

```
<%@ page contentType="text/html; charset=UTF-8" %>
<%@ taglib prefix="s" uri="/struts-tags" %>
<html>
<head>
    <title><s:text name="succPage"/></title>
</head>
```

```
<body>

    ${requestScope.tip}<br/>
    <jsp:useBean id="d" class="java.util.Date" scope="page"/>
    <s:text name="welcomeMsg">
        <s:param><s:property value="username"/></s:param>
        <s:param>${d}</s:param>
    </s:text>


</body>
</html>
```

上面的页面使用${requestScope.tip}输出的是 Action 类中取出的国际化消息，而通过
<s:text.../>标签取出的是 key 为 welcomeMsg 的国际化消息，且使用了两个<s:param.../>标
签为该国际化消息的两个占位符指定了值。

如果简体中文语言环境下用户通过登录页面登录成功，进入 welcome.jsp 页面，将看
到如图 8-17 所示的页面。

图 8-17　简体中文语言环境下的欢迎页面

8.3.4　使用表达式

从上面章节的介绍可以看出，struts 2 中完成程序国际化更加简单，这都得益于 struts 2
的简单封装。除此之外，struts 2 还提供了对占位符的一种替代方式，这种方式直接允许在
国际化消息中使用表达式，对于这种方式，则可避免在使用国际化消息时需要为占位符传
入参数值。

将上面的两条消息资源改为如下形式：

```
#${username}对不起，您不能登录！
failTip=${username}\u5BF9\u4E0D\u8D77\uFF0C\u60A8\u4E0D\u80FD\u767B\u5F55\uFF01
#${username}欢迎，您已经登录！
succTip= ${username}\u6B22\u8FCE\uFF0C\u60A8\u5DF2\u7ECF\u767B\u5F55\uFF01
```

国际化消息对应的英文消息如下：

failTip=${username}, Sorry, You can\u2019t log in!

succTip=${username}, Welcome, you has logged in\uFF01

这样我们就可以将 LoginAction 类的 execute 方法代码修改成如下形式：

```
public class LoginAction extends ActionSupport {
    //定义封装请求参数的两个属性
    private String username;
    private String password;
    //省略 username 和 password 的 setter 和 getter 方法

    public String execute() throws Exception
    {
        ActionContext ctx = ActionContext.getContext();
        if (getPassword().equals("bruce") ){
            ctx.getSession().put("username" , getUsername());
            //根据 key 取出国际化消息，并为占位符指定值。
            ctx.put("tip" , getText("succTip"));

            return SUCCESS;
        }else{
            //根据 key 取出国际化消息，并为占位符指定值。
            ctx.put("tip" , getText("failTip"));

            return ERROR;
        }
    }
}
```

从上面根据 key 取出国际化消息，并为占位符指定值的代码来看，程序直接取出了 key 为 succTip 和 failTip 的国际化消息，但因为这两条国际化消息中使用了表达式，所以 Action 中的属性值依然可以传入国际化消息中。

在上面的消息资源中，通过使用表达式，可以从 ValueStack 中取出该 username 属性值，自动填充到该消息资源中。通过这种方式，当需要在 Action 类中使用该消息资源时，就无须为该消息资源传入参数了。即可以将该 Action 类改为最开始的样子：当使用 getText 方法获取国际化资源时，无须为消息资源中的占位符传入参数。

8.3.5　加载资源文件的方式

Struts 2 提供了多种方式来加载国际化资源文件，包括指定包范围资源文件、Action 范围资源文件，以及临时指定资源文件等。

对于一个大型应用而言，国际化资源文件的管理也是一个非常"浩大"的工程，因为整个应用中有大量内容需要实现国际化，如果我们将所有的国际化资源都放在同一个全局文件里，这将是不可想象的事情。

为了更好地体现软件工程里"分而治之"的原则，struts 2 允许针对不同模块、不同 Action 来组织国际化资源文件。

为 Struts 2 应用指定包范围资源文件的方法是：在包的根路径下建立多个文件名为 package_language_country.properties 的文件，一旦建立了这个系列的国际化资源文件，应用中处于该包下的所有 Action 都可以访问该资源文件。例如，有如下的 Action 类。

```
public class LoginAction extends ActionSupport {
    // 定义封装请求参数的两个属性
    private String username;
    private String password;
    //省略 username 和 password 的 setter 和 getter 方法

    public String execute() throws Exception
    {
        ActionContext ctx = ActionContext.getContext();
        if (getPassword().equals("bruce") ){
            ctx.getSession().put("username" , getUsername());
            //根据 key 取出国际化消息，并为占位符指定值。
            ctx.put("tip" , getText("succTip"));

            return SUCCESS;
        }else{
            //根据 key 取出国际化消息，并为占位符指定值。
            ctx.put("tip" , getText("failTip"));
            return ERROR;
        }
    }
}
```

上面 Action 没有任何特殊之处，只是粗体字代码通过 ActionSupport 提供的 getText() 方法访问了国际化资源文件里的国际化消息。

接着我们提供如下两份资源文件，第一份资源文件：package.properties(该文件还需要使用 native2ascii 工具处理)文件内容为：

failTip=包范围消息：对不起，您不能登录！

succTip=包范围消息：欢迎，您已经登录！

第二份资源文件：package_en_US. Properties，文件内容为：

failTip=Package Scope：Sorry, you can't log in!

succTip= Package Scope：Welcome, you has logged in!

因此，当我们在简体中文语言环境下成功登录时，将看如图 8-18 所示的页面。

图 8-18　输出包范围国际化消息的效果

从图 8-18 可以看出，struts 2 成功使用了包范围的国际化资源文件。不仅如此，我们还可以得到一个结论：Action 将优先使用包范围的资源文件，虽然本应用也提供了全局范围的资源文件，但系统输出包范围资源文件里 succTip 和 failTip，这就可见 Action 优先使用包范围的资源文件。

除此之外，Struts 2 还允许 Action 单独指定一份国际化资源文件。其方法是：在 Action 类文件所在的路径建立多个文件名为 ActionName_language_country.properties 的文件，一旦建立了这个系列的国际化资源文件，这系列资源文件只能由该 Action 来访问。

使用上面应用中的 Action 类，我们增加如下两份资源文件。

第一份文件名为 LoginAction.Properties，该文件的内容为：

　　failTip=Action 范围消息：对不起，您不能登录！

　　succTip=Action 范围消息：欢迎，您已经登录！

第二份文件名为 LoginAction_en_US. Properties,该文件内容为：

　　failTip=Action Scope：Sorry, you can't log in!

　　succTip= Action Scope：Welcome, you has logged in!

一旦我们提供了这两份资源文件后，example.LoginAction 将优先加载 Action 范围的资源文件，如果我们使用简体中文语言环境，登录成功将看到如图 8-19 所示的页面。

图 8-19　Action 范围的国际化资源文件优先

通过使用这种 Action 范围的资源文件，我们就可以在不同的 Action 里使用相同的 key 名来表示不同的字符串值。例如，在 ActionOne 中 title 为"动作一"，还可用 title 在 ActionTwo 中则可以表示"动作二"，这样就可以简化 key 的命名，无须像 struts1 中使用 loginForm、registForm.title 来以示区分了。

还有一种临时指定资源文件的方式，可以在 JSP 页面中输出国际化消息时临时指定国际化资源的位置。在这种方式下，需要借助 Struts 2 的另外一个标签：<s:i18n.../>。

　　如果把<s:i18n.../>标签作为<s:text.../>标签的父标签，则<s:text.../>标签将会直接加载<s:i18n.../>标签里指定的国际化资源文件；如果把<s:i18n.../>标签当成表单标签的父标签，则表单标签的 key 属性将会从国际化资源文件中加载该消息。

　　下面提供两份资源文件，第一份资源文件：tmp.properties，该文件内容是：

　　　　#在 JSP 页面使用的临时资源文件

　　　　loginPage=临时消息：登录页面

　　　　errorPage=临时消息：错误页面

　　　　succPage=临时消息：成功页面

　　　　failTip=临时消息：全局消息：对不起，您不能登录！

　　　　succTip=临时消息：全局消息：欢迎，您已经登录！

　　　　user=临时消息：用户名

　　　　pass=临时消息：密码

　　　　login=临时消息：登录

　　第二份资源文件：tmp_en_US.properties,这份资源文件的内容是：

　　　　#在 JSP 页面临时使用的资源文件

　　　　loginPage=Temp Message:Login Page

　　　　errorPage=Temp Message:Error Page

　　　　succPage=Temp Message:Welcome Page

　　　　failTip=Temp Message:Global Message:Sorry,You can't log in!

　　　　succTip=Temp Message:Global Message:welcome,you has logged in!

　　　　user=Temp Message:User Name

　　　　pass=Temp Message:User Pass

　　　　login=Temp Message:Login

　　我们无须指定系统加载该资源文件，可以直接在 JSP 页面中通过<s:i18n.../>标签来使用该资源文件了。下面是系统登录页面的页面代码。

```jsp
<%@ page contentType="text/html; charset=UTF-8" %>
<%@ taglib prefix="s" uri="/struts-tags" %>
<html>
<head>

    <title>
    <!-- 使用 i18n 作为 s:text 标签的父标签，临时指定国际化资源文件为 tmp -->
    <s:i18n name="tmp">
    <!-- 输出国际化消息 -->
    <s:text name="loginPage"/>
    </s:i18n>

    </title>
</head>
```

```
<body>

    <!-- 使用 i18n 作为 s:from 标签的父标签，临时指定国际化资源文件为 tmp -->
    <s:i18n name="tmp">
    <s:form action="Login">
        <s:textfield name="username"  key="user"/>
        <s:textfield name="password"  key="pass"/>
        <s:submit key="Login"/>
    </s:form>
    </s:i18n>


</body>
</html>
```

上面页面中两处黑体字代码临时指定了该 JSP 页面所使用的国际化资源文件，在浏览器中浏览该页面，将看到如图 8-20 所示的页面。

图 8-20　在 JSP 页面临时指定国际化资源文件

8.3.6　加载资源文件的顺序

Struts 2 提供了如此多的方式来加载国际化资源文件，这些加载国际化资源文件的方式有自己的优先顺序。假设我们需要在 Java 文件 ChildAction 中访问国际化消息，则系统加载国际化资源文件的优先级是：

① 优先加载系统中保存在 ChildAction 的类文件相同位置，且 name 为 ChildAction 的系列资源文件。

② 如果在①中找不到指定 key 对应的消息，且 ChildAction 有父类 ParentAction，则加载系统中保存在 ParentAction 的类文件相同位置，且 name 为 ParentAction 的系列资源文件。

③ 如果在②中找不到指定 key 对应的消息，且 ChildAction 有实现接口 IChildAction，则加载系统中保存在 IChildAction 的类文件相同位置，且 name 为 IChildAction 的系列资源文件。

④ 如果在③中找不到指定 key 对应的消息，且 ChildAction 有实现接口 ModelDriven(即使用模型驱动模式)，则对于 getModel()方法返回的 model 对象，重新执行第①步操作。

⑤ 如果在④中找不到指定 key 对应的消息，则查找当前包下 name 为 package 的系列资源文件。

⑥ 如果在⑤中找不到指定 key 对应的消息，则沿着当前包上溯，直到最顶层包来查找 name 为 package 的系列资源文件。

⑦ 如果在⑥中找不到指定 key 对应的消息，则查找 struts.custon.i18n.resources 常量指定 name 的系列资源文件。

⑧ 如果经过上面步骤一直找不到指定 key 对应的消息，将直接输出该 key 的字符串值；如果在上面的①~⑦的任意一步中找到指定 keu 对应的消息，系统停止搜索，直接输出该 key 对应的消息。

对于在 JSP 中访问国际化消息，则简单得多，它们又可以分成两种形式：

(1) 对于使用<s:i18n.../>作为父标签的<s:text.../>标签、表单标签的形式。

① 将从<s:i18n.../>标签指定的国际化资源文件中加载指定 key 对应的消息。

② 如果在①中找不到指定 key 对应的消息，则查找 struts.custon.i18n.resources 常量指定 name 的系列资源文件。

③ 如果经过上面步骤一直找不到指定 key 对应的消息，将直接输出该 key 的字符串值；如果在上面的①、②的任意一步中找到指定 key 对应的消息，系统停止搜索，直接输出该 key 对应的消息。

(2) 如果<s:text.../>标签、表单标签没有使用<s:i18n.../>作为父标签。

直接加载 struts.custon.i18n.resources 常量指定 name 的系列资源文件。如果找不到指定 key 对应的消息，将直接输出该 key 对应的消息；否则，输出该 key 对应的国际化消息。

8.4　Struts 2 的异常处理

任何成熟的 MVC 框架都应该提供成熟的异常处理机制，当然可以在 cxecute 方法中手动捕捉异常，当捕捉到的特定异常时，返回特定逻辑视图名——但这种处理方式非常烦琐，需要在 cxecute 方法中书写大量的 catch 块。最大的缺点还在于异常处理与代码耦合，一旦需要改变异常处理方式，必须修改代码！这不是我们希望看到的结果。最好的方式是可以通过声明式的方式管理异常处理。

8.4.1　异常处理机制

对于 MVC 框架而言，我们希望有如图 8-21 所示的处理流程。

图 8-21　MVC 框架的异常处理流程的协作图

图 8-21 所显示的处理流程是，当 Action 处理用户请求时，如果出现了异常 1，则系统转入视图资源 1，在该视图资源上输出服务器提示；如果出现异常 2，则系统转入视图资源 2，并在该资源上输出服务器提示。

为了满足如图 8-21 所示的处理流程，我们可以采用如下的处理方法：

```
public class XxxAction
{
    ...
    public String execute()
    {
        try
        {
            ...
        }
        catch(异常 1  e)
        {
            return  结果 1
        }
        catch(异常 2  e)
        {
            return  结果 2
        }
    }
}
```

我们在 Action 的 execute 方法中使用 try…catch 块来捕捉异常，当捕捉到指定异常时，系统返回对应逻辑视图名——这种处理方式完全是手动处理异常，非常烦琐，而且可维护性不好：如果我们需要改变异常处理方式，则必须修改 Action 代码。

Struts 2 允许通过 struts.xml 文件来配置异常处理。关于 Struts 2 的处理，我们可以查看 Action 接口里的 execute 方法：

```
//处理用户请求的 execute 方法，该方法抛出所有异常
public String execute() throws Exception
```

上面 execute 方法可以抛出全部异常，这意味着我们重写该方法时，完全无须进行任何异常处理，而是把异常直接抛给 Struts 2 框架处理；Struts 2 框架收到 Action 抛出的异常之后，将根据 struts.xml 文件配置的异常映射，转入指定的视图资源。

通过 Struts 2 的异常处理机制，我们可以无须在 execute 方法中进行任何异常捕捉，仅需在 struts.xml 文件中配置异常处理，就可以实现如图 8-21 所示的异常处理流程。

为了使用 Struts 2 的异常处理机制，我们必须打开 Struts 2 的异常映射功能，开启异常映射功能需要一个拦截器。下面的代码片段来自 struts-default.xml，在该配置文件中已经开启了 Struts 2 的异常映射。

```
<interceptors>
```

```
    …
        <!-- 执行异常处理的拦截器 -->
    <interceptor name="exception"
    class="com.opensymphony.xwork.interceptor.ExceptionMappingIntetceptor"/>
        …
    </interceptors>
    <!-- Struts 2 默认的拦截器栈 -->
    <interceptor-stack name="defaultStack">
        …
        <!-- 引用异常映射拦截器 -->
        <interceptor-ref name="exception"/>
        …
    </interceptor-stack>
```

正是通过上面配置的拦截器，实现了 Struts 2 的异常机制。

8.4.2　声明式异常

Struts 2 的异常处理机制是通过在 struts.xml 文件中配置<exception-mapping…/>元素完成的，配置该元素时，需要指定两个属性：

exception：此属性指定该异常映射所设置的异常类型。

result：此属性指定 Action 出现该异常时，系统返回 result 属性值对应的逻辑视图名。

根据<exception-mapping…/>元素出现位置的不同，异常映射又可分为两种：

局部异常映射：将<exception-mapping…/>元素作为<action …/>元素的子元素配置。

全局异常映射：将<exception-mapping…/>元素作为<global- exception-mapping >元素的子元素配置。

与前面的<result…/>元素配置结果类似，全局异常映射对所有的 Action 都有效，但局部异常映射仅对该异常映射所在的 Action 内有效。如果局部异常映射和全局异常映射配置了同一个异常类型，在该 Action 内局部异常映射会覆盖全局异常映射。

下面的应用同样是一个简单的登录应用，在登录页面输入用户名和密码两个参数后，用户提交请求，请求将被如下 Action 类处理。

```java
public class LoginAction extends ActionSupport {
    // 定义封装请求参数的两个属性
    private String username;
    private String password;
    private String tip;
    //省略 username 和 password 的 setter 和 getter 方法
    public String execute() throws Exception{
        if (getUsername().equals("user")){
            throw new MyException("自定义异常");
```

```
    }
    if(getUsername().equals("sql")){
        throw new java.sql.SQLException("用户名不能为 SQL");
    }
        if(getUsername().equals("scott")&& getPassword().equals("tiger") ){
        setTip("服务器提示！");
        return SUCCESS;
    }
    else
    {
        return ERROR;
    }
    }
}
```

由于该示例应用没有调用业务逻辑组件，因此系统不会抛出异常。为了验证 Struts 2 的异常处理框架，我们采用手动方式抛出两个异常：MyException 和 SQLException，其中 MyException 异常是一个自定义异常，如程序中粗体字代码所显示。下面通过 struts.xml 文件来配置 Struts 2 的异常处理机制，本系统的 struts.xml 文件如下：

```
<?xml version="1.0" encoding="GBK"?>
<!DOCTYPE struts PUBLIC
"-//Apache Software Foundation//DTD Struts Configuration 2.3//EN"
"http://struts.apache.org/dtds/struts-2.3.dtd">
<struts>

<!-- 配置了一个 package 元素 -->
<package name="default" namespace="/" extends="struts-default">

    <!-- 定义全局异常映射 -->
    <global-results>
        <!-- 定义 sql、root 两个逻辑异常都对应 exception.jsp 页 -->
        <result name="sql">/exception.jsp </result >
        <result name="root">/exception.jsp </result >
    </global-results >
    <!-- 定义全局异常映射 -->
    <global-exception-mappings>
        <!-- 当 Action 中遇到 SQLException 异常时,系统将转入 name 为 sql 的结果中 -->
        <exception-mapping exception="java.sql.SQLException" result="sql"/>
        <!-- 当 Action 中遇到 Exception 异常时，系统将转入 name 为 root 的结果中 -->
        <exception-mapping exception="java.lang.Exception" result="root"/>
```

```
</global-exception-mappings>

    <action name="login" class="example.LoginAction">
        <!-- 定义局部异常映射,当 Action 中遇到 MyException 异常时,系统将转入 name
为 my 的结果中 -->
        <exception-mapping exception="example.MyException" result="my"/>
        <!-- 定义三个结果映射 -->
        <result name="my">/exception.jsp </result >
        <result name="error">/error.jsp </result >
        <result name="success">/welcome.jsp </result >
    </action>


</package>
</struts>
```

上面配置文件的粗体字代码定义了 3 个异常映射,指定 Action 中出现如下 3 个异常的处理策略:

exception. MyException: 该异常映射使用局部异常映射完成,当 Action 的 execute 方法抛出该异常时,系统返回名为 my 的逻辑视图。

java.sql.SQLException: 该异常映射使用局部异常映射完成,当 Action 的 execute 方法抛出该异常时,系统返回名为 sql 的逻辑视图。

java.lang.Exception: 该异常映射使用局部异常映射完成,当 Action 的 execute 方法抛出该异常时,系统返回名为 root 的逻辑视图。

当然,系统中也通过局部结果定义、全局结果定义的方式定义了 my、sql 和 root 三个结果。当定义异常映射时,通常需要注意:全局异常映射的 result 属性值通常不要使用局部结果,局部异常映射的 result 属性值既可以使用全局结果,也可以使用局部结果。

8.4.3　输出异常信息

当 Struts 2 框架控制系统进入异常处理页面后,我们必须在对应页面中输出指定异常信息。为了在异常处理页面中显示异常信息,我们可以使用 Struts 2 的如下标签来输出异常信息:

\<s:property value="exception"/\>: 输出异常对象。

\<s:property value="exceptionStack"/\>: 输出异常堆栈信息。

对于第一种直接输出异常对象本身的方式,完全可以使用表达式,因为 exception 提供了 getMessage()方法所以我们可以采用< s:property value="exception .message"/> 代码来输出异常的 message 信息。本应用的 exception.jsp 页面代码如下:

```
<%@ page contentType="text/html; charset=UTF-8" %>
<%@ taglib prefix="s" uri="/struts-tags" %>
<html>
```

```
<head>
    <title>异常处理页面</title>
</head>


<body>


    异常信息：<s:property value="exception.message"/>


</body>
</html>
```

如果在登录页面的用户名输入框中输入 user，然后提交请求，系统将抛出 example.MyException 异常，并出现如图 8-22 所示的页面。

图 8-22　输出自定义异常 message 信息

如果希望输出异常跟踪栈信息，则可将输出异常信息的代码改为：

```
<!-- 使用 Struts 2 标签输出异常跟踪栈信息 -->
<s:property value="exceptionStack"/>
```

如果在登录页面的用户名输入框中输入 sql，然后提交请求，系统将抛出 java.sql.SQLException 异常，并转到如图 8-23 所示的页面。

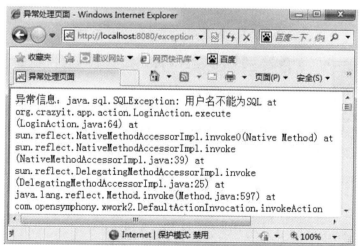

图 8-23　直接显示异常跟踪栈信息

Struts 2 能输出异常对象完整的跟踪栈信息，因此更加有利于项目调试。

第 9 章　MyBatis 介绍

MyBatis 本是 apache 的一个开源项目——iBatis，2010 年该项目由 apache software foundation 迁移到 google code，并且改名为 MyBatis，实质上 MyBatis 在 iBatis 的基础上进行了一些改进。

MyBatis 是一个优秀的持久层框架，它对 jdbc 的操作数据库过程进行了封装，使开发者只需要关注 sql 本身，而不需要花费精力去处理例如注册驱动、创建 connection、创建 statement、手动设置参数、结果集检索等烦琐的 jdbc 过程代码。

Mybatis 通过 xml 或注解的方式将要执行的各种 statement(statement、preparedStatemnt、CallableStatement)配置起来，并通过 Java 对象和 Statement 中的 sql 进行映射生成最终执行的 sql 语句，最后由 Mybatis 框架执行 sql 并将结果映射成 Java 对象并返回。

9.1　MyBatis 架构

MyBatis 架构如图 9-1 所示。

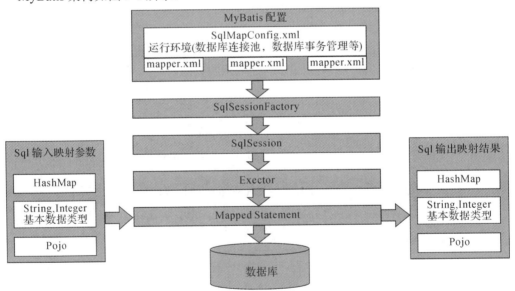

图 9-1　MyBatis 架构

（1）MyBatis 配置。SqlMapConfig.xml 文件是 MyBatis 的全局配置文件，它配置了 MyBatis 的运行环境等信息。mapper.xml 文件即 sql 映射文件，文件中配置了操作数据库的 sql 语句。此文件需要在 SqlMapConfig.xml 中加载。

（2）通过 MyBatis 环境等配置信息构造 SqlSessionFactory 即会话工厂。

（3）由会话工厂创建 sqlSession 即会话，操作数据库需要通过 sqlSession 进行。

（4）MyBatis 底层自定义了 Executor 执行器接口操作数据库，Executor 接口有两个实现，一个是基本执行器、一个是缓存执行器。

（5）Mapped Statement 也是 MyBatis 一个底层封装对象，它包装了 MyBatis 配置信息及 sql 映射信息等。mapper.xml 文件中一个 sql 对应一个 Mapped Statement 对象，sql 的 id 即是 Mapped statement 的 id。

（6）Mapped Statement 对 sql 执行输入参数进行定义，包括 HashMap、基本类型、POJO，Executor 通过 Mapped Statement 在执行 sql 前将输入的 java 对象映射至 sql 中，输入参数映射就是 jdbc 编程中对 preparedStatement 设置参数。

（7）Mapped Statement 对 sql 执行输出结果进行定义，包括 HashMap、基本类型、POJO，Executor 通过 Mapped Statement 在执行 sql 后将输出结果映射至 Java 对象中，输出结果映射过程相当于 jdbc 编程中对结果的解析处理过程。

9.2　MyBatis 下载

MyBaits 的代码由 github.com 管理，地址为 https://github.com/mybatis/mybatis-3/releases。MyBaits 的内容如图 9-2 所示。

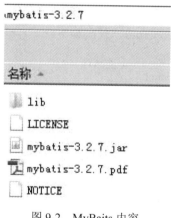

图 9-2　MyBaits 内容

mybatis-3.2.7.jar：MyBatis 的核心包。

lib：MyBatis 的依赖包。

mybatis-3.2.7.pdf：MyBatis 使用手册。

9.3　MyBatis 入门程序

实现以下功能：

① 根据用户名称查询一个用户信息。

② 根据用户名称模糊查询用户信息列表。

③ 添加用户。

④ 更新用户。

⑤ 删除用户。

第一步：创建 Java 工程。

使用 eclipse 创建 java 工程，jdk 使用 1.7.0_72。

第二步：加入 jar 包。

如图 9-3 所示，加入 MyBatis 核心包、依赖包、数据驱动包。

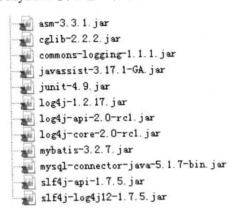

图 9-3　加入 jar 包

第三步：创建 log4j.properties。

在 classpath 下创建 log4j.properties，代码如下：

```
# Global logging configuration
log4j.rootLogger=DEBUG, stdout
# Console output...
log4j.appender.stdout=org.apache.log4j.ConsoleAppender
log4j.appender.stdout.layout=org.apache.log4j.PatternLayout
log4j.appender.stdout.layout.ConversionPattern=%5p [%t] - %m%n
```

mybatis 默认使用 log4j 作为输出日志信息。

第四步：创建 SqlMapConfig.xml。

在 classpath 下创建 SqlMapConfig.xml，代码如下：

```
<?xml version="1.0" encoding="UTF-8" ?>
<!DOCTYPE configuration
PUBLIC "-//mybatis.org//DTD Config 3.0//EN"
"http://mybatis.org/dtd/mybatis-3-config.dtd">
<configuration>
<!-- 和 spring 整合后 environments 配置将废除-->
<environments default="development">
  <environment id="development">
  <!-- 使用 jdbc 事务管理-->
```

```
            <transactionManager type="JDBC" />
    <!-- 数据库连接池-->
        <dataSource type="POOLED">
                <property name="driver" value="com.mysql.jdbc.Driver" />
                <property name="url" value="jdbc:mysql://localhost:3306/mybatis?characterEncoding=utf-8" />
                <property name="username" value="root" />
                <property name="password" value="mysql" />
        </dataSource>
    </environment>
    </environments>


    </configuration>
```

SqlMapConfig.xml 是 MyBatis 核心配置文件，上边文件的配置内容为数据源、事务管理。

第五步：po 类。

po 类作为 MyBatis 进行 sql 映射使用，po 类通常与数据库表对应，User.java 如下：

```
Public class User {
    private int id;
    private String username;// 用户姓名
    private String sex;// 性别
    private Date birthday;// 生日
    private String address;// 地址
    get/set
    …
```

第六步：程序编写。

(1) 实现查询功能。

① 映射文件。

在 classpath 下的 sqlmap 目录下创建 sql 映射文件 Users.xml：

```
<?xml version="1.0" encoding="UTF-8" ?>
<!DOCTYPE mapper
PUBLIC "-//mybatis.org//DTD Mapper 3.0//EN"
"http://mybatis.org/dtd/mybatis-3-mapper.dtd">
<mapper namespace="test">
</mapper>
```

namespace：命名空间，用于隔离 sql 语句，后面会讲另一层非常重要的作用。

在 SqlMapConfig.xml 中添加：

```
<!-- 根据 id 获取用户信息 -->
<select id="findUserById" parameterType="int" resultType="cn.itcast.mybatis.po.User">
  select * from user where id = #{id}
```

```
</select>
<!-- 自定义条件查询用户列表  -->
<select id="findUserByUsername" parameterType="java.lang.String"
        resultType="cn.itcast.mybatis.po.User">
    select * from user where username like '%${value}%'
</select>
```

parameterType：定义输入到 sql 中的映射类型，#{id}表示使用 preparedstatement 设置占位符号并将输入变量 id 传到 sql。

resultType：定义结果映射类型。

② 加载映射文件。

MyBatis 框架需要加载映射文件，将 Users.xml 添加在 SqlMapConfig.xml，如下：

```
<mappers>
    <mapper resource="sqlmap/User.xml"/>
</mappers>
```

③ 测试程序。

```
public class Mybatis_first {
    //会话工厂
    private SqlSessionFactory sqlSessionFactory;

    @Before
    public void createSqlSessionFactory() throws IOException {
        // 配置文件
        String resource = "SqlMapConfig.xml";
        InputStream inputStream = Resources.getResourceAsStream(resource);

        // 使用 SqlSessionFactoryBuilder 从 XML 配置文件中创建 SqlSessionFactory
        sqlSessionFactory = new SqlSessionFactoryBuilder()
            .build(inputStream);
    }

    // 根据名称查询用户信息
    @Test
    public void testFindUserById() {
        // 数据库会话实例
        SqlSession sqlSession = null;
        try {
            // 创建数据库会话实例 sqlSession
            sqlSession = sqlSessionFactory.openSession();
            // 查询单个记录，根据用户名称查询用户信息
```

```java
                    User user = sqlSession.selectOne("test.findUserById", 10);
                    // 输出用户信息
                    System.out.println(user);
                } catch (Exception e) {
                    e.printStackTrace();
                } finally
                {
                    if (sqlSession != null)
                    {
                        sqlSession.close();
                    }
                }
            }
            // 根据用户名称模糊查询用户信息
            @Test
            public void testFindUserByUsername() {
                // 数据库会话实例
                SqlSession sqlSession = null;
                try {
                    // 创建数据库会话实例 sqlSession
                    sqlSession = sqlSessionFactory.openSession();
                    // 查询单个记录，根据用户名称查询用户信息
                    List<User> list = sqlSession.selectList("test.findUserByUsername", "张");
                    System.out.println(list.size());
                } catch (Exception e)
                {
                    e.printStackTrace();
                } finally
                {
                    if (sqlSession != null)
                    {
                        sqlSession.close();
                    }
                }
            }
        }
```

(2) 实现添加功能。

① 映射文件。

在 SqlMapConfig.xml 中添加：

```xml
<!-- 添加用户 -->
<insert id="insertUser" parameterType="cn.itcast.mybatis.po.User">
<selectKey keyProperty="id" order="AFTER" resultType="java.lang.Integer">
  select LAST_INSERT_ID()
</selectKey>
    insert into user(username,birthday,sex,address)
    values(#{username},#{birthday},#{sex},#{address})
</insert>
```

② 测试程序。

```java
// 添加用户信息
@Test
public void testInsert() {
    // 数据库会话实例
    SqlSession sqlSession = null;
    try {
        // 创建数据库会话实例 sqlSession
        sqlSession = sqlSessionFactory.openSession();
        // 添加用户信息
        User user = new User();
        user.setUsername("张小明");
        user.setAddress("河南郑州");
        user.setSex("1");
        user.setPrice(1999.9f);
        sqlSession.insert("test.insertUser", user);
        //提交事务
        sqlSession.commit();
    } catch (Exception e)
    {
        e.printStackTrace();
    } finally
    {
        if (sqlSession != null)
        {
            sqlSession.close();
        }
    }
}
```

③ Mysql 自增主键返回。通过修改 sql 映射文件，可以将 Mysql 自增主键返回：

```xml
<insert id="insertUser" parameterType="cn.itcast.mybatis.po.User">
```

```
    <!-- selectKey 将主键返回，需要再返回 -->
    <selectKey keyProperty="id" order="AFTER" resultType="java.lang.Integer">
        select LAST_INSERT_ID()
    </selectKey>
    insert into user(username,birthday,sex,address)
    values(#{username},#{birthday},#{sex},#{address});
</insert>
```

添加 selectKey 实现将主键返回。

keyProperty：返回的主键存储在 POJO 中的哪个属性。

order：selectKey 的执行顺序，相对于 insert 语句来说，由于 Mysql 的自增原理执行完 insert 语句之后才将主键生成，所以这里 selectKey 的执行顺序为 after。

resultType：返回的主键是什么类型。

LAST_INSERT_ID()：Mysql 的函数，返回 auto_increment 自增列新记录 ID 值。

④ Mysql 使用 uuid 实现主键。需要通过 select uuid()得到 uuid 值：

```
    <insert    id="insertUser" parameterType="cn.itcast.mybatis.po.User">
    <selectKey resultType="java.lang.String" order="BEFORE"
    keyProperty="id">
    select uuid()
    </selectKey>
    insert into user(id,username,birthday,sex,address)
        values(#{id},#{username},#{birthday},#{sex},#{address})
    </insert>
```

注意，此处使用的 order 是"BEFORE"。

(3) 实现删除功能。

① 映射文件。

在 SqlMapConfig.xml 中添加：

```
    <!-- 删除用户 -->
    <delete id="deleteUserById" parameterType="int">
      delete from user where id=#{id}
    </delete>
```

② 测试程序。

```
    // 根据名称删除用户
    @Test
    public void testDelete() {
        // 数据库会话实例
        SqlSession sqlSession = null;
        try {
            // 创建数据库会话实例 sqlSession
            sqlSession = sqlSessionFactory.openSession();
```

```
        // 删除用户
        sqlSession.delete("test.deleteUserById",18);
        // 提交事务
        sqlSession.commit();
    } catch (Exception e) {
        e.printStackTrace();
    } finally {
        if (sqlSession != null)
        {
            sqlSession.close();
        }
    }
}
```

第 10 章　MyBatis DAO 开发

使用 MyBatis 开发 DAO，通常有两个方法，即原始 DAO 开发方法和 Mapper 接口开发方法。

10.1　SqlSession 的使用范围

SqlSession 中封装了对数据库的操作，如：查询、插入、更新、删除等。

通过 SqlSessionFactory 创建 SqlSession，而 SqlSessionFactory 则通过 SqlSessionFactory Builder 进行创建。

10.1.1　SqlSessionFactoryBuilder

SqlSessionFactoryBuilder 用于创建 SqlSessionFacoty，一旦 SqlSessionFacoty 创建完成就不需要 SqlSessionFactoryBuilder 了。此处可将 SqlSessionFactoryBuilder 当成一个工具类使用，其最佳使用范围是方法范围即方法体内局部变量。

10.1.2　SqlSessionFactory

SqlSessionFactory 是一个接口，接口中定义了 openSession 的不同重载方法，SqlSessionFactory 的最佳使用范围是整个应用运行期间，一旦创建后可以重复使用，通常以单例模式管理 SqlSessionFactory。

10.1.3　SqlSession

SqlSession 是一个面向用户的接口，定义了数据库操作，默认使用 DefaultSqlSession 实现类。

执行过程如下：

① 加载数据源等配置信息。

Environment environment = configuration.getEnvironment();

② 创建数据库链接。

③ 创建事务对象。

④ 创建 Executor，SqlSession 所有操作都是通过 Executor 完成。MyBatis 源码如下：

```
if (ExecutorType.BATCH == executorType) {
```

```
        executor = newBatchExecutor(this, transaction);
    } elseif (ExecutorType.REUSE == executorType) {
        executor = new ReuseExecutor(this, transaction);
    } else {
        executor = new SimpleExecutor(this, transaction);
    }
if (cacheEnabled) {
        executor = new CachingExecutor(executor, autoCommit);
    }
```

⑤ SqlSession 的实现类即 DefaultSqlSession，此对象中对操作数据库实质上用的是
Executor。

结论：

每个线程都应该有它自己的 SqlSession 实例。SqlSession 的实例不能共享使用，它也是线程不安全的。因此最佳的范围是请求或方法范围。绝对不能将 SqlSession 实例的引用放在一个类的静态字段或实例字段中。

打开一个 SqlSession；使用完毕就要关闭它。通常把这个关闭操作放到 finally 块中以确保每次都能执行关闭。如下：

```
SqlSession session = sqlSessionFactory.openSession();
try {
    // do work
} finally {
    session.close();
}
```

10.2　原始 DAO 开发方法

原始 DAO 开发方法需要程序员编写 DAO 接口和 DAO 实现类。

10.2.1　映射文件

```
<?xml version="1.0" encoding="UTF-8" ?>
<!DOCTYPE mapper
PUBLIC "-//mybatis.org//DTD Mapper 3.0//EN"
"http://mybatis.org/dtd/mybatis-3-mapper.dtd">
<mapper namespace="test">
<!-- 根据 id 获取用户信息 -->
<select id="findUserById" parameterType="int" resultType="cn.itcast.mybatis.po.User">
select * from user where id = #{id}
</select>
```

```xml
<!-- 添加用户 -->
<insert id="insertUser" parameterType="cn.itcast.mybatis.po.User">
<selectKey keyProperty="id" order="AFTER" resultType="java.lang.Integer">
    select LAST_INSERT_ID()
</selectKey>
    insert into user(username,birthday,sex,address)
    values(#{username},#{birthday},#{sex},#{address})
</insert>
</mapper>
```

10.2.2　DAO 接口

```java
Public interface UserDao {
    public User getUserById(int id) throws Exception;
    public void insertUser(User user) throws Exception;
}


Public class UserDaoImpl implements UserDao {
    //注入 SqlSessionFactory
    public UserDaoImpl(SqlSessionFactory sqlSessionFactory){
        this.setSqlSessionFactory(sqlSessionFactory);
    }

    private SqlSessionFactory sqlSessionFactory;
    @Override
    public User getUserById(int id) throws Exception {
        SqlSession session = sqlSessionFactory.openSession();
        User user = null;
        try {
            //通过 SqlSession 调用 selectOne 方法获取一条结果集
            //参数 1：指定定义的 statement 的 id，参数 2：指定向 statement 中传递的参数
            user = session.selectOne("test.findUserById", 1);
            System.out.println(user);
        } finally{
            session.close();
        }
        return user;
    }
```

```
@Override
Public void insertUser(User user) throws Exception {
    SqlSession sqlSession = sqlSessionFactory.openSession();
    try {
        sqlSession.insert("insertUser", user);
        sqlSession.commit();
    } finally
    {
        session.close();
    }
}
}
```

10.3　Mapper 接口开发方法

Mapper 接口开发方法的实现原理及内容如下。

10.3.1　实现原理

Mapper 接口开发方法只需要程序员编写 Mapper 接口(相当于 DAO 接口)，由 Mybatis 框架根据接口定义创建接口的动态代理对象，代理对象的方法体同上边 DAO 接口实现类方法。

Mapper 接口开发需要遵循以下规范：

(1) Mapper.xml 文件中的 namespace 与 mapper 接口的类路径相同。

(2) Mapper 接口方法名和 Mapper.xml 中定义的每个 statement 的 id 相同。

(3) Mapper 接口方法的输入参数类型和 mapper.xml 中定义的每个 sql 的 parameterType 的类型相同。

(4) Mapper 接口方法的输出参数类型和 mapper.xml 中定义的每个 sql 的 resultType 的类型相同。

10.3.2　Mapper.xml(映射文件)

定义 Mapper 映射文件 UserMapper.xml(内容同 Users.xml)，需要将 namespace 的值修改为 UserMapper 接口路径。将 UserMapper.xml 放在 classpath 的 mapper 目录下。

```
<?xml version="1.0" encoding="UTF-8" ?>
<!DOCTYPE mapper
PUBLIC "-//mybatis.org//DTD Mapper 3.0//EN"
"http://mybatis.org/dtd/mybatis-3-mapper.dtd">
<mapper namespace="cn.itcast.mybatis.mapper.UserMapper">
```

```
<!-- 根据 id 获取用户信息 -->
<select id="findUserById" parameterType="int" resultType="cn.itcast.mybatis.po.User">
    select * from user where id = #{id}
</select>
<!-- 自定义条件查询用户列表 -->
<select id="findUserByUsername" parameterType="java.lang.String"
    resultType="cn.itcast.mybatis.po.User">
    select * from user where username like '%${value}%'
</select>
<!-- 添加用户 -->
<insert id="insertUser" parameterType="cn.itcast.mybatis.po.User">
<selectKey keyProperty="id" order="AFTER" resultType="java.lang.Integer">
    select LAST_INSERT_ID()
</selectKey>
    insert into user(username,birthday,sex,address)
    values(#{username},#{birthday},#{sex},#{address})
</insert>


</mapper>
```

10.3.3　Mapper.java(接口)

```
/**
 * 用户管理 Mapper
 */
Public interface UserMapper {
    //根据用户 id 查询用户信息
    public User findUserById(int id) throws Exception;
    //查询用户列表
    public List<User> findUserByUsername(String username) throws Exception;
    //添加用户信息
    public void insertUser(User user)throws Exception;
}
```

接口定义有如下特点：

(1) Mapper 接口方法名和 Mapper.xml 中定义的 statement 的 id 相同。

(2) Mapper 接口方法的输入参数类型和 mapper.xml 中定义的 statement 的 parameterType 的类型相同。

(3) Mapper 接口方法的输出参数类型和 mapper.xml 中定义的 statement 的 resultType 的类型相同。

10.3.4　加载 UserMapper.xml 文件

修改 SqlMapConfig.xml 文件：

```
<!-- 加载映射文件 -->
<mappers>
    <mapper resource="mapper/UserMapper.xml"/>
</mappers>
```

10.3.5　测试

```java
Public class UserMapperTest extends TestCase {
    private SqlSessionFactory sqlSessionFactory;

    protected void setUp() throws Exception {
        //MyBatis 配置文件
        String resource = "sqlMapConfig.xml";
        InputStream inputStream = Resources.getResourceAsStream(resource);
        //使用 SqlSessionFactoryBuilder 创建 sessionFactory
        sqlSessionFactory = new SqlSessionFactoryBuilder().build(inputStream);
    }

    Public void testFindUserById() throws Exception {
        //获取 session
        SqlSession session = sqlSessionFactory.openSession();
        //获取 Mapper 接口的代理对象
        UserMapper userMapper = session.getMapper(UserMapper.class);
        //调用代理对象方法
        User user = userMapper.findUserById(1);
        System.out.println(user);
        //关闭 session
        session.close();
    }
    @Test
    public void testFindUserByUsername() throws Exception {
        SqlSession sqlSession = sqlSessionFactory.openSession();
        UserMapper userMapper = sqlSession.getMapper(UserMapper.class);
        List<User> list = userMapper.findUserByUsername("张");
        System.out.println(list.size());
    }
```

```java
Public void testInsertUser() throws Exception {
    //获取 session
    SqlSession session = sqlSessionFactory.openSession();
    //获取 Mapper 接口的代理对象
    UserMapper userMapper = session.getMapper(UserMapper.class);
    //要添加的数据
    User user = new User();
    user.setUsername("张三");
    user.setBirthday(new Date());
    user.setSex("1");
    user.setAddress("北京市");
    //通过 Mapper 接口添加用户
    userMapper.insertUser(user);
    //提交
    session.commit();
    //关闭 session
    session.close();
    }
}
```

第 11 章　MyBatis 配置文件

11.1　SqlMapConfig.xml 配置文件

MyBatis 的全局配置文件 SqlMapConfig.xml。SqlMapConfig.xml 中配置的内容和顺序如下：

properties(属性)

settings(全局配置参数)

typeAliases(类型别名)

typeHandlers(类型处理器)

objectFactory(对象工厂)

plugins(插件)

environments(环境集合属性对象)

environment(环境子属性对象)

transactionManager(事务管理)

dataSource(数据源)

mappers(映射器)

1. properties(属性)

SqlMapConfig.xml 可以引用 Java 属性文件中的配置信息。

在 classpath 下定义 db.properties 文件：

```
jdbc.driver=com.mysql.jdbc.Driver

jdbc.url=jdbc:mysql://localhost:3306/mybatis

jdbc.username=root

jdbc.password=mysql
```

SqlMapConfig.xml 引用如下：

```xml
<properties resource="db.properties"/>
<environments default="development">
    <environment id="development">
        <transactionManager type="JDBC"/>
        <dataSource type="POOLED">
            <property name="driver" value="${jdbc.driver}"/>
            <property name="url" value="${jdbc.url}"/>
            <property name="username" value="${jdbc.username}"/>
```

```
            <property name="password" value="${jdbc.password}"/>
        </dataSource>
    </environment>
</environments>
```

MyBatis 将按照以下顺序来加载属性：

首先在 properties 元素体内定义的属性被读取。

然后读取 properties 元素中 resource 或 URL 加载的属性，它会覆盖已读取的同名属性。

最后读取 parameterType 传递的属性，它会覆盖已读取的同名属性。

因此，通过 parameterType 传递的属性具有最高优先级，resource 或 URL 加载的属性次之，最低优先级的是 properties 元素体内定义的属性。

2．settings(配置)

MyBatis 全局配置参数，全局参数将会影响 MyBatis 的运行行为。详细内容见"学习资料/mybatis-settings.xlsx"文件。

3．typeAliases(类型别名)

MyBatis 支持别名如表 11-1 所示。

表 11-1　支持别名

别名	映射的类型	别名	映射的类型
_byte	byte	long	Long
_long	long	short	Short
_short	short	int	Integer
_int	int	integer	Integer
_integer	int	double	Double
_double	double	float	Float
_float	float	boolean	Boolean
_boolean	boolean	date	Date
string	String	decimal	BigDecimal
byte	Byte	bigdecimal	BigDecimal

MyBatis 自定义别名：

在 SqlMapConfig.xml 中配置：

```
<typeAliases>
<!-- 单个别名定义 -->
<typeAlias alias="user" type="cn.itcast.mybatis.po.User"/>
<!-- 批量别名定义，扫描整个包下的类，别名为类名(首字母大写或小写都可以) -->
<package name="cn.itcast.mybatis.po"/>
<package name="其他包"/>
</typeAliases>
```

4. typeHandlers(类型处理器)

类型处理器用于 Java 类型和 jdbc 类型映射，代码如下：

```
<select id="findUserById" parameterType="int" resultType="user">
select * from user where id = #{id}
</select>
```

MyBatis 自带的类型处理器基本上满足日常需求，不需要单独定义。

MyBatis 支持类型处理器如表 11-2 所示。

表 11-2　支持类型处理器

类型处理器	Java 类型	JDBC 类型
BooleanTypeHandler	Boolean，boolean	任何兼容的布尔值
ByteTypeHandler	Byte，byte	任何兼容的数字或字节类型
ShortTypeHandler	Short，short	任何兼容的数字或短整型
IntegerTypeHandler	Integer，int	任何兼容的数字和整型
LongTypeHandler	Long，long	任何兼容的数字或长整型
FloatTypeHandler	Float，float	任何兼容的数字或单精度浮点型
DoubleTypeHandler	Double，double	任何兼容的数字或双精度浮点型
BigDecimalTypeHandler	BigDecimal	任何兼容的数字或十进制小数类型
StringTypeHandler	String	CHAR 和 VARCHAR 类型
ClobTypeHandler	String	CLOB 和 LONGVARCHAR 类型
NStringTypeHandler	String	NVARCHAR 和 NCHAR 类型
NClobTypeHandler	String	NCLOB 类型
ByteArrayTypeHandler	byte[]	任何兼容的字节流类型
BlobTypeHandler	byte[]	BLOB 和 LONGVARBINARY 类型
DateTypeHandler	Date(java.util)	TIMESTAMP 类型
DateOnlyTypeHandler	Date(java.util)	DATE 类型
TimeOnlyTypeHandler	Date(java.util)	TIME 类型
SqlTimestampTypeHandler	Timestamp(java.sql)	TIMESTAMP 类型
SqlDateTypeHandler	Date(java.sql)	DATE 类型
SqlTimeTypeHandler	Time(java.sql)	TIME 类型
ObjectTypeHandler	任意	其他或未指定类型
EnumTypeHandler	Enumeration 类型	VARCHAR-任何兼容的字符串类型，作为代码存储(而不是索引)

5. Mappers(映射器)

Mapper 配置的几种方法：

① <mapper resource=" " />。

使用相对于类路径的资源，如：

    <mapper resource="sqlmap/User.xml" />

② <mapper url=" " />。

使用完全限定路径，如：

    <mapper url="file:///D:\workspace_spingmvc\mybatis_01\config\sqlmap\User.xml" />

③ <mapper class=" " />。

使用 Mapper 接口类路径，如：

    <mapper class="cn.itcast.mybatis.mapper.UserMapper"/>

注意：此方法要求 Mapper 接口名称和 Mapper 映射文件的名称相同，且放在同一个目录中。

④ <package name=""/>。

注册指定包下的所有 Mapper 接口，如：

    <package name="cn.itcast.mybatis.mapper"/>

注意：此方法要求 mapper 接口名称和 mapper 映射文件的名称相同，且放在同一个目录中。

11.2　Mapper.xml 映射文件

Mapper.xml 映射文件中定义了操作数据库的 sql，每个 sql 是一个 statement，映射文件是 MyBatis 的核心。

11.2.1　parameterType(输入类型)

1. #{}与${}

#{}实现的是向 prepareStatement 中的预处理语句中设置参数值，sql 语句中#{}表示一个占位符即?。

    <!-- 根据 id 查询用户信息 -->

    <select id="findUserById" parameterType="int" resultType="user">

      select * from user where id = #{id}

    </select>

使用占位符#{}可以有效防止 sql 注入，在使用时不需要关心参数值的类型，mybatis 会自动进行 java 类型和 jdbc 类型的转换。#{}可以接收简单类型值或 pojo 属性值，如果 parameterType 传输单个简单类型值，#{}括号中可以是 value 或其他名称。

${} 和#{}不同，通过 ${}可以将 parameterType 传入的内容拼接在 sql 中，且不进行 jdbc 类型转换，${}可以接收简单类型值或 pojo 属性值，如果 parameterType 传输单个简单类型值，${}括号中只能是 value。使用 ${}不能防止 sql 注入，但是有时用 ${}会非常方便，如下的例子：

    <!-- 根据名称模糊查询用户信息 -->

```
<select id="selectUserByName" parameterType="string" resultType="user">
    select * from user where username like '%${value}%'
</select>
```

如果本例子使用#{}，则传入的字符串中必须有%号，而%是人为拼接在参数中，显然有点麻烦，如果采用 ${}在 sql 中拼接为%的方式则在调用 mapper 接口传递参数就方便很多。

```
//如果使用占位符号则必须人为在传参数中加%
List list = userMapper.selectUserByName("%管理员%");
//如果使用${}原始符号则不用人为在参数中加%
List<User>list = userMapper.selectUserByName("管理员");
```

再比如 order by 排序，如果将列名通过参数传入 sql，根据传的列名进行排序，应写为：

```
ORDER BY ${columnName}
```

如果使用#{}将无法实现此功能。

2. 传递简单类型

参考上例。

3. 传递 POJO 对象

MyBatis 使用 ognl 表达式解析对象字段的值，例如：

```
<!-- 传递 POJO 对象综合查询用户信息 -->
<select id="findUserByUser" parameterType="user" resultType="user">
    select * from user where id=#{id} and username like '%${username}%'
</select>
```

测试：

```
Public void testFindUserByUser()throws Exception{
    //获取 session
    SqlSession session = sqlSessionFactory.openSession();
    //获取 Mapper 接口实例
    UserMapper userMapper = session.getMapper(UserMapper.class);
    //构造查询条件 user 对象
    User user = new User();
    user.setId(1);
    user.setUsername("管理员");
    //传递 user 对象查询用户列表
    List<User>list = userMapper.findUserByUser(user);
    //关闭 session
    session.close();
}
```

4. 传递 POJO 包装对象

开发中通过 POJO 传递查询条件，查询条件是综合的查询条件，不仅包括用户查询条件，还包括其他的查询条件(比如将用户购买商品信息也作为查询条件)，这时可以使用包装对象传递输入参数。

① 定义包装对象。

定义包装对象将查询条件(POJO)以类组合的方式包装起来。

```java
public class QueryVo {
    private User user;
    //自定义用户扩展类
    private UserCustom userCustom;
```

② Mapper.xml 映射文件。

```xml
<!-- 查询用户列表，根据用户名称和用户性别查询用户列表 -- >
<select id="findUserList" parameterType="queryVo" resultType="user">
    select * from user where username = #{user.username} and sex=#{user.sex}
</select>

apper
```

说明：MyBatis 底层通过 ognl 从 POJO 中获取属性值：#{user.username}，user 即是传入的包装对象的属性。queryVo 是别名，即上边定义的包装对象类型。

5. 传递 hashmap

sql 映射文件定义如下：

```xml
<!-- 传递 hashmap 综合查询用户信息 -->
<select id="findUserByHashmap" parameterType="hashmap" resultType="user">
    select * from user where id=#{id} and username like '%${username}%'
</select>
```

测试：

```java
Public void testFindUserByHashmap()throws Exception{
    //获取 session
    SqlSession session = sqlSessionFactory.openSession();
    //获取 Mapper 接口实例
    UserMapper userMapper = session.getMapper(UserMapper.class);
    //构造查询条件 Hashmap 对象
    HashMap<String, Object> map = new HashMap<String, Object>();
    map.put("id", 1);
    map.put("username", "管理员");

    //传递 hashmap 对象查询用户列表
    List<User>list = userMapper.findUserByHashmap(map);
    //关闭 session
    session.close();
}
```

11.2.2　resultType(输出类型)

1. 输出简单类型

参考 getnow 输出日期类型，看下边的例子输出整型：

Mapper.xml 文件：

```
<!-- 获取用户列表总数 -->
<select id="findUserCount" parameterType="user" resultType="int">
    select count(1) from user
</select>
```

Mapper 接口：

```
public int findUserCount(User user) throws Exception;
```

调用：

```
Public void testFindUserCount() throws Exception{
    //获取 session
    SqlSession session = sqlSessionFactory.openSession();
    //获取 Mapper 接口实例
    UserMapper userMapper = session.getMapper(UserMapper.class);

    User user = new User();
    user.setUsername("管理员");

    //传递 hashmap 对象查询用户列表
    int count = userMapper.findUserCount(user);

    //关闭 session
    session.close();
}
```

总结：输出简单类型必须查询出来的结果集有一条记录，最终将第一个字段的值转换为输出类型。

使用 session 的 selectOne 可查询单条记录。

2. 输出 POJO 对象

参考 findUserById 的定义：

Mapper.xml：

```
<!-- 根据 id 查询用户信息 -->
<select id="findUserById" parameterType="int" resultType="user">
    select * from user where id = #{id}
</select>
```

Mapper 接口：

```
public User findUserById(int id) throws Exception;
```

测试：

```
Public void testFindUserById() throws Exception {
    //获取 session
    SqlSession session = sqlSessionFactory.openSession();
    //获取 Mapper 接口实例
    UserMapper userMapper = session.getMapper(UserMapper.class);
    //通过 Mapper 接口调用 statement
    User user = userMapper.findUserById(1);
    System.out.println(user);
    //关闭 session
    session.close();
}
```

使用 session 调用 selectOne 查询单条记录。

3. 输出 POJO 列表

参考 selectUserByName 的定义：

Mapper.xml：

```
<!-- 根据名称模糊查询用户信息 -->
<select id="findUserByUsername" parameterType="string" resultType="user">
    select * from user where username like '%${value}%'
</select>
```

Mapper 接口：

```
public List<User> findUserByUsername(String username) throws Exception;
```

测试：

```
Public void testFindUserByUsername()throws Exception{
    //获取 session
    SqlSession session = sqlSessionFactory.openSession();
    //获取 Mapper 接口实例
    UserMapper userMapper = session.getMapper(UserMapper.class);
    //如果使用占位符号则必须人为在参数中加%
    //List<User> list = userMapper.selectUserByName("%管理员%");
    //如果使用${}原始符号则不用人为在参数中加%
    List<User> list = userMapper.findUserByUsername("管理员");
    //关闭 session
    session.close();
}
```

使用 session 的 selectList 方法获取 POJO 列表。

4．resultType 总结

输出 POJO 对象和输出 POJO 列表在 sql 中定义的 resultType 是一样的。

返回单个 POJO 对象要保证 sql 查询出来的结果集为单条，内部使用 session.selectOne 方法调用，Mapper 接口使用 POJO 对象作为方法返回值。

返回 POJO 列表表示查询出来的结果集可能为多条，内部使用 session.selectList 方法，Mapper 接口使用 List<pojo>对象作为方法返回值。

5．输出 hashmap

输出 POJO 对象可以改用 hashmap 输出类型，将输出的字段名称作为 map 的 key，value 为字段值。

11.2.3　resultMap

resultType 可以指定 POJO 将查询结果映射为 POJO，但需要 POJO 的属性名和 sql 查询的列名一致方可映射成功。

如果 sql 查询字段名和 POJO 的属性名不一致，可以通过 resultMap 将字段名和属性名作一个对应关系，resultMap 实质上还需要将查询结果映射到 POJO 对象中。

resultMap 可以实现将查询结果映射为复杂类型的 POJO，比如在查询结果映射对象中包括 POJO 和 list 实现一对一查询和一对多查询。

1．Mapper.xml 定义

配置 resultMap 标签，映射不同的字段和属性名。

```
<select id="findUserListResultMap" parameterType="queryVo" resultMap="userListResultMap">
    select id id_,username username_, birthday birthday_ from user
    <where>
      <include refid="query_user_where"></include>
    </where>
</select>
```

2．定义 resultMap

由于 Mapper.xml 中 sql 查询列和 Users.java 类属性不一致，需要定义 resultMap：userListResultMap，将 sql 查询列和 Users.java 类属性对应起来。定义的 resultMap 标签 userListResultMap 如下：

```
<resultMap type="user" id="userListResultMap">
    <id column="id_" property="id"/>
    <result column="username_" property="username"/>
    <result column="birthday_" property="birthday"/>
</resultMap>
```

其中，<id />：此属性表示查询结果集的唯一标识，非常重要。如果是多个字段为复合唯一约束则定义多个<id />。

Property：表示 person 类的属性。

Column：表示 sql 查询出来的字段名。

Column 和 property 放在一块儿表示将 sql 查询出来的字段映射到指定的 POJO 类属性上。

：普通结果，即 POJO 的属性。

3. Mapper 接口定义

public List findUserListResultMap() throws Exception;

11.2.4　动态 sql

通过 MyBatis 提供的各种标签方法实现动态拼接 sql，具体方式如下：

1. If

```
<!-- 传递 POJO 综合查询用户信息 -->
<select id="findUserList" parameterType="user" resultType="user">
  select * from user
  where 1=1
  <if test="id!=null and id!="">
  and id=#{id}
  </if>
  <if test="username!=null and username!="">
  and username like '%${username}%'
  </if>
</select>
```

注意要做不等于空字符串校验。

2. Where

上边的 sql 也可以改为：

```
<select id="findUserList" parameterType="user" resultType="user">
  select * from user
  <where>
  <if test="id!=null and id!="">
  and id=#{id}
  </if>
  <if test="username!=null and username!="">
  and username like '%${username}%'
  </if>
  </where>
</select>
```

可以自动处理第一个 and。

3. foreach

向 sql 传递数组或 list，MyBatis 使用 foreach 解析，方法如下：

① 通过 POJO 传递 list。

传入多个 id 查询用户信息，用下边两个 sql 实现：

    SELECT * FROM USERS WHERE username LIKE '%张%' AND (id =10 OR id =89 OR id=16)

    SELECT * FROM USERS WHERE username LIKE '%张%'　id IN (10,89,16)

在 POJO 中定义 list 属性 ids 存储多个用户 id，并添加 getter/setter 方法。

```
public class QueryVo{
    private User user;
    private UserCustom userCustom;
    //传递多个用户 id
    private List<Integer> ids;
}
mapper.xml
<if test="ids!=null and ids.size>0">
    <foreach collection="ids" open=" and id in(" close=")" item="id" separator="," >
        #{id}
    </foreach>
</if>
```

测试代码：

```
List<Integer> ids = new ArrayList<Integer>();
ids.add(1);//查询 id 为 1 的用户
ids.add(10); //查询 id 为 10 的用户
queryVo.setIds(ids);
List<User> list = userMapper.findUserList(queryVo);
```

② 传递单个 list。

传递 list 类型在编写 Mapper.xml 时没有区别，唯一不同的是只有一个 list 参数时它的参数名为 list。代码如下：

Mapper.xml：

```
<select id="selectUserByList" parameterType="java.util.List" resultType="user">
    select * from user
    <where>
    <!-- 传递 list，list 中是 POJO -->
    <if test="list!=null">
    <foreach collection="list" item="item" open="and id in(" separator="," close=")">
        #{item.id}
    </foreach>
    </if>
    </where>
</select>
```

Mapper 接口：

```
public List<User> selectUserByList(List userlist) throws Exception;
```

测试：

```
Public void testselectUserByList()throws Exception{
    //获取 session
    SqlSession session = sqlSessionFactory.openSession();
    //获取 Mapper 接口实例
    UserMapper userMapper = session.getMapper(UserMapper.class);
    //构造查询条件 list
    List<User> userlist = new ArrayList<User>();
    User user = new User();
    user.setId(1);
    userlist.add(user);
    user = new User();
    user.setId(2);
    userlist.add(user);
    //传递 userlist 列表查询用户列表
    List<User>list = userMapper.selectUserByList(userlist);
    //关闭 session
    session.close();
}
```

③ 传递单个数组(数组中是 POJO)：

Mapper.xml：

```
<!-- 传递数组综合查询用户信息 -->
<select id="selectUserByArray" parameterType="Object[]" resultType="user">
    select * from user
    <where>
    <!-- 传递数组 -->
    <if test="array!=null">
    <foreach collection="array" index="index" item="item" open="and id in("separator=","close=")">
        #{item.id}
    </foreach>
    </if>
    </where>
</select>
```

sql 只接收一个数组参数，这时 sql 解析参数的名称 MyBatis 固定为 array，如果数组是通过一个 POJO 传递到 sql，则参数的名称为 POJO 中的属性名。

index：数组的下标。

item：数组每个元素的名称，名称随意定义。

open：循环开始。

close：循环结束。

separator：中间分隔输出。

Mapper 接口：

```
public List<User> selectUserByArray(Object[] userlist) throws Exception;
```

测试：

```
Public void testselectUserByArray()throws Exception{
    //获取 session
    SqlSession session = sqlSessionFactory.openSession();
    //获取 Mapper 接口实例
    UserMapper userMapper = session.getMapper(UserMapper.class);
    //构造查询条件 list
    Object[] userlist = new Object[2];
    User user = new User();
    user.setId(1);
    userlist[0]=user;
    user = new User();
    user.setId(2);
    userlist[1]=user;
    //传递 user 对象查询用户列表
    List<User>list = userMapper.selectUserByArray(userlist);
    //关闭 session
    session.close();
}
```

④ 传递单个数组(数组中是字符串类型)：

Mapper.xml：

```
<!-- 传递数组综合查询用户信息 -->
<select id="selectUserByArray" parameterType="Object[]" resultType="user">
    select * from user
    <where>
    <!-- 传递数组 -->
    <if test="array!=null">
    <foreach collection="array"index="index"item="item"open="and id in("separator=","close=")">
        #{item}
    </foreach>
    </if>
    </where>
</select>
```

如果数组中是简单类型则写为#{item}，不用再通过 ognl 获取对象属性值了。

Mapper 接口：

```
public List<User> selectUserByArray(Object[] userlist) throws Exception;
```

测试：

```
Public void testselectUserByArray()throws Exception{
    //获取 session
    SqlSession session = sqlSessionFactory.openSession();
    //获取 Mapper 接口实例
    UserMapper userMapper = session.getMapper(UserMapper.class);
    //构造查询条件 list
    Object[] userlist = new Object[2];
    userlist[0]="1";
    userlist[1]="2";
    //传递 user 对象查询用户列表
    List<User>list = userMapper.selectUserByArray(userlist);
    //关闭 session
    session.close();
}
```

4. sql 片段

sql 中可将重复的 sql 提取出来，使用时用 include 引用即可，最终达到 sql 重用的目的，代码如下：

```
<!-- 传递 POJO 综合查询用户信息 -->
<select id="findUserList" parameterType="user" resultType="user">
    select * from user
    <where>
    <if test="id!=null and id!="">
    and id=#{id}
    </if>
    <if test="username!=null and username!="">
    and username like '%${username}%'
    </if>
    </where>
</select>
```

将 where 条件抽取出来：

```
<sql id="query_user_where">
<if test="id!=null and id!="">
    and id=#{id}
</if>
<if test="username!=null and username!="">
    and username like '%${username}%'
```

```
    </if>

    </sql>
```

使用 include 引用：

```
<select id="findUserList" parameterType="user" resultType="user">

    select * from user

    <where>

    <include refid="query_user_where"/>

    </where>

</select>
```

注意：如果引用其他 mapper.xml 的 sql 片段，则在引用时需要加上 namespace，代码如下：

```
<include refid="namespace.sql 片段" />
```

第 12 章　MyBatis 关联查询

本章介绍 MyBatis 关联查询的相关内容。

12.1　商品订单数据模型

商品订单数据模型，包括订单表、订单明细表、用户表、商品信息表等，具体如下：

订单表(orders)：记录用户创建的订单，字段有 user_id(外键)、订单 id、创建时间、订单状态等。

订单明细表(orderdetail)：记录用户购买信息，字段有订单 id(外键)、商品 id(外键)、商品数量、商品购买价格等。

用户表(user)：记录购买商品的用户信息，字段有 user_id(唯一标识一个用户)、用户名、联系电话等。

商品信息表(items)：记录所有商品信息，字段有商品 id(主键)、商品名称、商品介绍、商品价格等。

12.2　一对一查询

案例：查询所有订单信息，关联查询下单用户信息。

注意：因为一个订单信息只会是一个人下的订单，所以从查询订单信息出发关联查询用户信息为一对一查询。如果从用户信息出发查询用户下的订单信息则为一对多查询，因为一个用户可以下多个订单。

12.2.1　方法一：使用 resultType

使用 resultType 定义订单信息 po 类。该 po 类中包括了订单信息和用户信息。

(1) sql 语句：

```
SELECT
    orders.*,
    user.username,
    userss.address
FROM
    orders,
```

```
        user
    WHERE orders.user_id = user.id
```

(2) 定义 po 类。

po 类中应该包括上边 sql 查询出来的所有字段，代码如下：

```
public class OrdersCustom extends Orders {
    private String username;        // 用户名称
    private String address;         // 用户地址
get/set...
```

OrdersCustom 类继承 Orders 类后，OrdersCustom 类中包括了 Orders 类的所有字段，因此只需要定义用户的信息字段。

(3) Mapper.xml：

```
<!-- 查询所有订单信息 -->
<select id="findOrdersList" resultType="cn.itcast.mybatis.po.OrdersCustom">
SELECT
orders.*,
user.username,
user.address
FROM
orders, user
WHERE orders.user_id = user.id
</select>
```

(4) Mapper 接口：

```
public List<OrdersCustom> findOrdersList() throws Exception;
```

(5) 测试：

```
Public void testfindOrdersList()throws Exception{
    //获取 session
    SqlSession session = sqlSessionFactory.openSession();
    //获取 Mapper 接口实例
    UserMapper userMapper = session.getMapper(UserMapper.class);
    //查询订单信息
    List<OrdersCustom> list = userMapper.findOrdersList();
    System.out.println(list);
    //关闭 session
    session.close();
}
```

(6) 总结：

定义专门的 po 类作为输出类型，其中定义了 sql 查询结果集所有的字段。此方法较为简单，企业中使用普遍。

12.2.2　方法二：使用 resultMap

使用 resultMap 定义专门的 resultMap 用于映射一对一查询结果。

(1) sql 语句：

```
SELECT
    orders.*,
    user.username,
    user.address
FROM
    orders,
    user
WHERE orders.user_id = user.id
```

(2) 定义 po 类。

在 Orders 类中加入 user 属性，user 属性中用于存储关联查询的用户信息，因为订单关联查询用户是一对一关系，所以这里使用单个 user 对象存储关联查询的用户信息。

(3) Mapper.xml：

```
<select id="findOrdersListResultMap" resultMap="userordermap">
SELECT
orders.*,
user.username,
user.address
FROM
orders,user
WHERE orders.user_id = user.id
</select>
```

这里 resultMap 指定 userordermap。

(4) 定义 resultMap。

需要关联查询映射的是用户信息，使用 association 将用户信息映射到订单对象的用户属性中。

```
<!-- 订单信息 resultmap -->
<resultMap type="cn.itcast.mybatis.po.Orders" id="userordermap">
<!-- 这里的 id，是 MyBatis 在进行一对一查询时将 user 字段映射为 user 对象时要使用，必须写 -->
<id property="id" column="id"/>
<result property="user_id" column="user_id"/>
<result property="number" column="number"/>
<association property="user" javaType="cn.itcast.mybatis.po.User">
<!-- 这里的 id 为 user 的 id，如果写上表示给 user 的 id 属性赋值 -->
<id property="id" column="user_id"/>
<result property="username" column="username"/>
```

```
        <result property="address" column="address"/>
    </association>
</resultMap>
```

association：关联查询单条记录。

property：关联查询的结果存储在 cn.itcast.mybatis.po.Orders 的 user 属性中。

javaType：关联查询的结果类型。

\<id property="id" column="user_id"/>：查询结果的 user_id 列对应关联对象的 id 属性，这里是\<id />表示 user_id 是关联查询对象的唯一标识。

\<result property="username" column="username"/>：查询结果的 username 列对应关联对象的 username 属性。

(5) Mapper 接口：

public List\<Orders> findOrdersListResultMap() throws Exception;

(6) 测试：

```
Public void testfindOrdersListResultMap()throws Exception{
    //获取 session
    SqlSession session = sqlSessionFactory.openSession();
    //获取 mapper 接口实例
    UserMapper userMapper = session.getMapper(UserMapper.class);
    //查询订单信息
    List<Orders> list = userMapper.findOrdersList2();
    System.out.println(list);
    //关闭 session
    session.close();
}
```

(7) 小结：

使用 association 完成关联查询，将关联查询信息映射到 pojo 对象中。

12.3 一对多查询

案例：查询所有订单信息及订单下的订单明细信息。

订单信息与订单明细为一对多关系。使用 resultMap 实现。

(1) sql 语句：

```
SELECT
    orders.*,
    user.username,
    user.address,
    orderdetail.id orderdetail_id,
    orderdetail.items_id,
```

```
        orderdetail.items_num
    FROM
        orders,user,orderdetail

    WHERE orders.user_id = user.id
    AND orders.id = orderdetail.orders_id
```

（2）定义 po 类。

在 Orders 类中加入 user 属性。

在 Orders 类中加入 List<Orderdetail> orderdetails 属性。

（3）Mapper.xml：

```xml
    <select id="findOrdersDetailList" resultMap="userorderdetailmap">
    SELECT
    orders.*,
    user.username,
    user.address,
    orderdetail.id orderdetail_id,
    orderdetail.items_id,
    orderdetail.items_num
    FROM orders,user,orderdetail
    WHERE orders.user_id = user.id
    AND orders.id = orderdetail.orders_id
    </select>
```

（4）定义 resultMap。

```xml
    <!-- 订单信息 resultmap -->
    <resultMap type="cn.itcast.mybatis.po.Orders" id="userorderdetailmap">
    <id property="id"column="id"/>
    <result property="user_id" column="user_id"/>
    <result property="number" column="number"/>
    <association property="user" javaType="cn.itcast.mybatis.po.User">
    <id property="id" column="user_id"/>
    <result property="username" column="username"/>
    <result property="address" column="address"/>
    </association>
    <collection property="orderdetails" ofType="cn.itcast.mybatis.po.Orderdetail">
    <id property="id" column="orderdetail_id"/>
    <result property="items_id" column="items_id"/>
    <result property="items_num" column="items_num"/>
    </collection>
    </resultMap>
```

collection：关联查询结果集，定义查询订单明细信息。

property="orderdetails"：关联查询的结果集存储在 cn.itcast.mybatis.po.Orders 的哪个属性中。

ofType="cn.itcast.mybatis.po.Orderdetail"：指定关联查询的结果集中的对象类型，即 list 中的对象类型。

及 的意义同"一对一查询"。

resultMap 使用继承。上述代码的 resultmap 定义与"一对一查询"相同，这里使用继承可以不再填写重复的内容，其他如下：

```
<resultMap type="cn.itcast.mybatis.po.Orders" id="userorderdetailmap" extends="userordermap">
<collection property="orderdetails" ofType="cn.itcast.mybatis.po.Orderdetail">
    <id property="id" column="orderdetail_id"/>
    <result property="items_id" column="items_id"/>
    <result property="items_num" column="items_num"/>
</collection>
</resultMap>
```

使用 extends 继承订单信息 userordermap。

(5) Mapper 接口：

```
public List<Orders>findOrdersDetailList () throws Exception;
```

(6) 测试：

```
Public void testfindOrdersDetailList()throws Exception{
    //获取 session
    SqlSession session = sqlSessionFactory.openSession();
    //获取 Mapper 接口实例
    UserMapper userMapper = session.getMapper(UserMapper.class);
    //查询订单信息
    List<Orders> list = userMapper.findOrdersDetailList();
    System.out.println(list);
    //关闭 session
    session.close();
}
```

(7) 小结：

使用 collection 完成关联查询，将关联查询信息映射到集合对象。

12.4　多对多查询

案例：查询用户购买的商品信息。

(1) sql。

需要查询所有用户信息，关联查询订单及订单明细信息，订单明细信息中关联查询商品信息。

```
SELECT
orders.*,
USER .username,
USER .address,
orderdetail.id orderdetail_id,
orderdetail.items_id,
orderdetail.items_num,
items.name items_name,
items.detail items_detail
FROM
orders,
USER,
orderdetail,
items
WHERE
orders.user_id = USER .id
AND orders.id = orderdetail.orders_id
AND orderdetail.items_id = items.id
```

(2) po 定义。

在 user 中添加 List<Orders> orders 属性，在 Orders 类中加入 List<Orderdetail> orderdetails 属性。

(3) resultMap。

需要关联查询映射的信息是：订单、订单明细、商品信息。

订单：一个用户对应多个订单，使用 collection 映射到用户对象的订单列表属性中。

订单明细：一个订单对应多个明细，使用 collection 映射到订单对象中的明细属性中。

商品信息：一个订单明细对应一个商品，使用 association 映射到订单明细对象的商品属性中。

```xml
<!-- 一对多查询
查询用户信息、关联查询订单、订单明细信息、商品信息
-->
<resultMap type="cn.itcast.mybatis.po.User" id="userOrderListResultMap">
<id column="user_id" property="id"/>
<result column="username" property="username"/>
<collection property="orders" ofType="cn.itcast.mybatis.po.Orders">
    <id    column="id" property="id"/>
    <result property="number" column="number"/>
    <collection property="orderdetails" ofType="cn.itcast.mybatis.po.Orderdetail">
        <id    column="orderdetail_id" property="id"/>
            <result property="ordersId" column="id"/>
        <result property="itemsId" column="items_id"/>
```

```
        <result property="itemsNum" column="items_num"/>
        <association property="items" javaType="cn.itcast.mybatis.po.Items">
          <id column="items_id" property="id"/>
          <result column="items_name" property="name"/>
          <result column="items_detail" property="detail"/>
        </association>
        </collection>
      </collection>
    </resultMap>
```

(4) 小结。

一对多是多对多的特例，如下需求：

查询用户购买的商品信息，用户和商品的关系是多对多关系。

需求 1：

查询字段：用户账号、用户名称、用户性别、商品名称、商品价格(最常见)

企业开发中常见明细列表，用户购买商品明细列表

使用 resultType 将上边查询列映射到 POJO 输出。

需求 2：

查询字段：用户账号、用户名称、购买商品数量、商品明细(鼠标移上显示明细)

使用 resultMap 将用户购买的商品明细列表映射到 user 对象中。

12.5　延迟加载

在查询关联信息时，使用 MyBatis 延迟加载特性可有效减少数据库压力。首次查询只查询主要信息，关联信息等用户获取时再加载。

12.5.1　打开延迟加载开关

在 MyBatis 核心配置文件中有两个配置：lazyLoadingEnabled、aggressiveLazyLoading，其设置如表 12-1 所示。

表 12-1　配置设置

设置项	描　述	允许值	默认值
lazyLoadingEnabled	全局性设置懒加载。如果设为"false"，则所有相关联的都会被初始化加载	true | false	false
aggressiveLazyLoading	当设置为"true"的时候，懒加载的对象可能被任何懒属性全部加载。否则，每个属性都按需加载	true | false	true

12.5.2　一对一查询延迟加载

(1) 需求：

查询订单信息，关联查询用户信息。

默认只查询订单信息，当需要查询用户信息时再去查询用户信息。

(2) sql 语句：

```
SELECT
    orders.*
FROM
    orders
```

(3) 定义 po 类。

在 Orders 类中加入 user 属性。

(4) Mapper.xml：

```
<select id="findOrdersList3" resultMap="userordermap2">
SELECT
orders.*
FROM
orders
</select>
```

(5) 定义 resultMap。

```
<!-- 订单信息 resultmap -->
<resultMap type="cn.itcast.mybatis.po.Orders" id="userordermap2">
<id property="id" column="id"/>
<result property="user_id" column="user_id"/>
<result property="number" column="number"/>
<association property="user" javaType="cn.itcast.mybatis.po.User" select="findUserById"
column="user_id"/>
</resultMap>
```

ssociation：

select="findUserById"：指定关联查询 sql 为 findUserById。

column="user_id"：关联查询时将 users_id 列的值传入 findUserById。

最后将关联查询结果映射至 cn.itcast.mybatis.po.User。

(6) Mapper 接口：

public List<Orders> findOrdersList3() throws Exception;

(7) 测试：

```
Public void testfindOrdersList3()throws Exception{
    //获取 session
    SqlSession session = sqlSessionFactory.openSession();
    //获取 Mapper 接口实例
```

```
    UserMapper userMapper = session.getMapper(UserMapper.class);
    //查询订单信息
    List<Orders> list = userMapper.findOrdersList3();
    System.out.println(list);
    //开始加载，通过 orders.getUser 方法进行加载
    for(Orders orders:list){
        System.out.println(orders.getUser());
    }
    //关闭 session
    session.close();
}
```

(8) 延迟加载的思考：不使用 MyBatis 提供的延迟加载功能是否可以实现延迟加载？

实现方法：

针对订单和用户两个表，定义两种 Mapper 方法。

① 订单查询 Mapper 方法。

② 根据用户名称查询用户信息 Mapper 方法。

默认使用订单查询 Mapper 方法只查询订单信息。

当需要关联查询用户信息时再调用根据用户名称查询用户信息 Mapper 方法查询用户信息。

一对多延迟加载的方法同一对一延迟加载，在 collection 标签中配置 select 内容。

第 13 章　SSM 框架集成

Spring 的开放性和扩张性在 J2EE 应用领域得到了充分的证明。虽然 Spring 也提供了类似于 Struts 的 MVC 框架，但 Spring 并不是代替现有框架和其他的解决方案竞争，而是致力于将各种框架融合在一起，这才是 Spring 最为强大的地方。Spring 提供了一个与其他各种优秀框架集成的解决方案。

13.1　Spring 集成 Struts 2.X

Spring 集成 Struts 2.X 相对于 Struts 1.X 版本来说简单很多，一般来说需要经过以下步骤：
① 启动 Spring 容器。
② Spring 中采用配置文件或者注解的方式配置 Action 类。

13.1.1　启动 Spring 容器

在 Web 应用中以下两种方式均可创建 Spring 容器：
① 直接在 web.xml 文件中配置创建 Spring 容器。
② 利用第三方 MVC 框架的扩展点，创建 Spring 容器。
第一种创建 Spring 容器的方式更加常见。为了让 Spring 容器随 Web 应用的启动而自动启动，有两种方法：利用 ServletContextListener 实现和采用 load-on-startup Servlet 实现。
Spring 提供 ServletContextListener 的一个实现类 ContextLoaderListener，该类可作为 Listener 使用，它会在创建时自动查找 WEB-INF/下的 applicationContext.xml 文件，因此，如果只有一个配置文件，并且文件名为 applicationContext.xml，则只需在 web.xml 文件中增加如下配置片段即可。

```
<listener>
<listener-class>org.springframework.web.context.ContextLoaderListener</listener-class>
</ listener >
```

如果有多个配置文件需要载入，则考虑使用<context-param...../>元素来确定配置文件的文件名。ContextLoaderListener 加载时，会查找名为 contextConfigLocation 的初始化参数。因此，配置<context-param...../>时应指定参数名为 contextConfigLocation。
带多个配置文件的 web.xml 文件如下：

```
<?xml version="1.0" encoding="UTF-8"?>
<web-app xmlns:xsi="http://www.w3.org/2001/XMLSchema-instance"
xmlns="http://java.sun.com/xml/ns/javaee" xmlns:web="http://java.sun.com/xml/ns/javaee/web-app_2_5.xsd"
```

```
xsi:schemaLocation="http://java.sun.com/xml/ns/javaee
http://java.sun.com/xml/ns/javaee/web-app_2_5.xsd" id="WebApp_ID" version="2.5">
<listener>
<listener-class>org.springframework.web.context.ContextLoaderListener</listener-class>
</listener>
<context-param>
    <param-name>contextConfigLocation</param-name>
    <!-- 多个配置文件之间以 "," 隔开 -->
    <param-value>
            classpath:beans1.xml,classpath:beans2.xml……
        </param-value>
    </context-param>
</web-app>
```

classpath 指定类加载的根路径，通常是 WEB-INF/classes 目录，也可以把配置文件直接放在 WEB-INF 目录下，通过/WEB-INF/beans1.xml 这样的方式指定。

如果没有使用 contextConfigLocation 指定配置文件，则 Spring 自动查找 applicationContext.xml 配置文件；如果有 contextConfigLocation，则选用该参数确定的配置文件。如果无法找到合适的配置文件，Spring 将无法正常初始化。

Spring 根据指定配置文件创建 WebApplicationContext 对象，将其保存在 Web 应用的 ServletContext 中。大部分情况下，应用中的 Bean 无须感受到 ApplicationContext 的存在，只要利用 ApplicationContext 的 IoC 即可。如果需要在应用中获取 ApplicationContext 实例，则可以通过如下代码获取：

```
//获取当前 Web 应用的 Spring 容器
WebApplicationContext ctx = WebApplicationContextUtils.getWebApplicationContext (servletContext);
```

除此之外，Spring 提供了一个特殊的 Servlet 类：ContextLoaderServlet 在启动时，也会自动查找 WEB-INF/路径下的 applicationContext.xml 文件。

为了让 ContextLoaderServlet 随应用启动而启动，应将此 Servlet 配置成 load-on-startup 的 Servlet，load-on-startup 的值小一点比较合适，这样可以保证 ApplicationContext 更快地初始化。

如果只有一个配置文件，并且文件名为：applicationContext.xml，则在 web.xml 文件中增加如下一段即可。

```
<servlet>
    <servlet-name>context</servlet-name>
<servlet-class>org.springframework.web.context.ContextLoaddrServlet</servlet-class>
    <load-on-startup>1</load-on-startup>
</ servlet >
```

该 Servlet 用于提供 "后台" 服务，主要用于创建 Spring 容器，无须响应客户请求，因此无须为它配置<servlet-mapping…/>元素。

如果有多个配置文件，或配置文件的文件名不是 applicationContext.xml，则一样使用

<context-param…/>元素来确定多个配置文件。

　　事实上，不管是 ContextLoaderServlet，还是 ContextLoaderListener，都依赖于 ContextLoader 创建 ApplicationContext 实例。

　　如下代码：

```
String configLocation = servletContext.getInitParameter(CONFIG_LOCATION_PARAM);
if (configLocation != null) {
wac.setConfigLocations (StringUtils.tokenizeToStringArray(configLocation,
ConfigurableWebApplicationContext.CONFIG_LOCATION_DELIMITERS));
}
```

　　其中 CONFIG_LOCATION_PARAM 是该类的常量，其值为 ContextConfigLocation。可以看出：ContextLoader 首先检查 servletContext 中是否有 contextConfigLocation 的参数，如果有该参数，则加载该参数指定的配置文件。

　　ContextLoaderServlet 与 ContextLoaderListener 底层都依赖于 ContextLoader。因此，二者的效果几乎没有区别。它们之间的区别不是它们本身引起的，而是由于 Servlet 规范：Listener 比 Servlet 优先加载。因此，采用 ContextLoaderListener 创建 ApplicationContext 的时机更早。

　　当然，也可以通过 ServletContext 的 getAttribute 方法获取 ApplicationContext。但使用 WebApplicationContextUtils 类更便捷，因为无须记住 ApplicationContext 在 ServletContext 中的属性名。即使 ServletContext 的 WebApplicationContext.ROOT_WEB_APPLICATION_ CONTEXT_ATTRIBUTE 属性没有对应对象，WebApplicationContextUtils 的 getWeb ApplicationContext()方法将会返回空，而不会引起异常。到底需要使用 Listener，还是使用 load-on-startup Servlet 来创建 Spring 容器呢？通常推荐使用 Listener 来创建 Spring 容器。但 Listener 是 Servlet 2.3 以上才支持的标准，因此必须是 Web 容器支持 Listener 才可使用 Listener。

　　还有一种情况，即利用第三方 MVC 框架的扩展点来创建 Spring 容器，比如 Struts 1，但这种情况比较少见。

13.1.2　Spring 容器管理 Action

　　通过 Web 方式启动 Spring 容器之后，就可以使用 Spring 来管理 Struts 中的 ActionBean。

　　让 Spring 容器来管理应用中的控制器，可以充分利用 Spring 的 IoC 特性，但需要将配置 Struts 2 的控制器部署在 Spring 容器中，因此导致配置文件冗余。

　　Struts 2 的处理流程是：Struts 2 的核心控制器首先拦截到用户请求，然后将请求转发给对应的 Action 处理。在此过程中，Struts 2 将负责创建 Action 实例，并调用其 execute()方法，以上过程是固定的(除非改写 Struts 2 的核心控制器)。现在的情形是：我们已经把 Action 实例交由 Spring 容器来管理，而不是由 Struts 2 产生的。那么，核心控制器如何调用 Spring 容器中的 Action，而不是自行创建 Action 实例呢？

　　Struts 2 插件机制解决了这个问题，在 Struts 2 的开发包中找到 struts2-spring-plugin-2.3.4.1.jar 文件，该文件是 Struts 2 提供的 Spring 集成的重要文件，一旦导入此插件包，Struts 2 的

Action 实例对象将由 struts 2 的 Spring 插件创建，该插件会按照 Action 的属性名称自动从 Spring 容器中查找相同名称的 Bean 对象对 Action 进行装配。在 struts.xml 文件中配置 Action 时，通常需要指定 class 属性，该属性就是用于创建 Action 实例的实现类。但 Spring 插件允许我们在指定 class 属性时，不再指定 Action 的实际实现类，而是指向 Spring 容器中定义的 ActionBean 的 id。

通过上面的方式，发现了这种整合策略的关键是：当 Struts 2 将请求转发给指定的 Action 时，Struts 2 中的 Action 只是一个"傀儡"，它只有一个代号，并没有指定实际的实现类，当然也不可能创建 Action 实例，而隐藏在该 Action 下的是 Spring 容器中的 Action 实例——它才是真正处理用户请求的控制器。这种整合流程的组件协作图如图 13-1 所示。

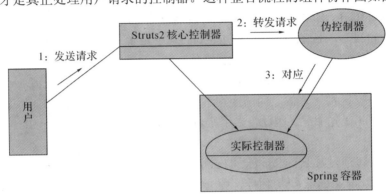

图 13-1　Spring 管理 Action 的协作图

正如图 13-1 中看到的，Struts 2 只是配置一个伪控制器，这个伪控制器的功能实际由 Spring 容器中的控制器来完成，这就实现了让核心控制器调用 Spring 容器中的 Action 来处理用户请求。

在这种整合策略下，处理用户请求的 Action 由 Spring 插件负责创建，但 Spring 插件创建 Action 实例时，并不是利用配置 Action 时指定的 class 属性来创建该 Action 实例，而是从 Spring 容器中取出对应的 Bean 实例完成创建。

了解以上原理后，我们就可以采用以下的配置代码：

① 在 Spring 的配置文件，比如:bean.xml 中配置 ActionBean 如下：

```
<!-- 配置 Action -->
<bean id="loginAction" class="com.ssoft.ss.web.LoginAction" />
```

② 在 Struts2 的配置文件，比如:struts.xml 配置 Action 如下：

```
<action name="login" class="loginAction">
    <result name="succ">/index.jsp</result>
    <result name="fail">/login.jsp</result>
</action>
```

大家注意粗体字部分,需要保证 Struts 2 的 Action 配置中的 class 名称和 Spring 中 Bean 的 id 一致即可。

在这种情况下，实际上我们可以把 Struts 2 提供的任何一个 Action 看成是一个普通的 POJO 对象，那么就可以通过 Spring 来配置以及管理它,除了通过 XML 文件配置管理 Bean 外,同样也可以通过注解的形式。

比如，假设存在一个 LoginAction，则可以采用以下注解方式：

```
@Controller("loginAction")
public class LoginAction extends ActionSupport {
    @Autowired
    UserBO ub;
    public String execute(){
        ............
    }
}
```

在这里，使用了@Controller 来标注 LoginAction 类，表示该类是一个控制器类，UserBO则是在 Action 中提供的服务层组件，注解的时候采用@Service 标注。

```
@Service("ub")
public class UserBO {
public boolean isValidUser(String name,String pwd)
{
    return "admin".equals(name)&&"111111".equals(pwd);
}
```

13.2　Spring 集成 MyBatis

实现 MyBatis 与 Spring 的整合，通过 Spring 管理 SqlSessionFactory、Mapper 接口。

13.2.1　MyBatis 与 Spring 整合 jar

MyBatis 官方提供的 MyBatis 与 Spring 整合 jar 包如图 13-2 所示。

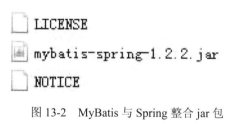

图 13-2　MyBatis 与 Spring 整合 jar 包

13.2.2　MyBatis 配置文件

在 classpath 下创建 mybatis/SqlMapConfig.xml

```
<?xml version="1.0" encoding="UTF-8" ?>
<!DOCTYPE configuration
PUBLIC "-//mybatis.org//DTD Config 3.0//EN"
"http://mybatis.org/dtd/mybatis-3-config.dtd">
```

```
<configuration>
```

\<!—使用自动扫描器时，mapper.xml 文件如果和 mapper.java 接口在一个目录则此处不用定义
mappers -->

```
<mappers>
<package name="cn.itcast.mybatis.mapper" />
</mappers>
</configuration>
```

13.2.3　Spring 配置文件

在 classpath 下创建 applicationContext.xml，定义数据库连接池、SqlSessionFactory。

```
<beans xmlns="http://www.springframework.org/schema/beans"
xmlns:xsi="http://www.w3.org/2001/XMLSchema-instance"
xmlns:mvc="http://www.springframework.org/schema/mvc"
xmlns:context="http://www.springframework.org/schema/context"
xmlns:aop="http://www.springframework.org/schema/aop"
xmlns:tx="http://www.springframework.org/schema/tx"
xsi:schemaLocation="http://www.springframework.org/schema/beans
    http://www.springframework.org/schema/beans/spring-beans-3.2.xsd
    http://www.springframework.org/schema/mvc
    http://www.springframework.org/schema/mvc/spring-mvc-3.2.xsd
    http://www.springframework.org/schema/context
    http://www.springframework.org/schema/context/spring-context-3.2.xsd
    http://www.springframework.org/schema/aop
    http://www.springframework.org/schema/aop/spring-aop-3.2.xsd
    http://www.springframework.org/schema/tx
    http://www.springframework.org/schema/tx/spring-tx-3.2.xsd ">
<!-- 加载配置文件 -->
<context:property-placeholder location="classpath:db.properties"/>
<!-- 数据库连接池 -->
<bean id="dataSource" class="org.apache.commons.dbcp.BasicDataSource" destroy-method="close">
        <property name="driverClassName" value="${jdbc.driver}"/>
    <property name="url" value="${jdbc.url}"/>
    <property name="username" value="${jdbc.username}"/>
    <property name="password" value="${jdbc.password}"/>
    <property name="maxActive" value="10"/>
    <property name="maxIdle" value="5"/>
</bean>
```

```
<!-- Mapper 配置 -->
<!-- 让 Spring 管理 sqlsessionfactory 使用 MyBatis 和 Spring 整合包中的 -->
<bean id="sqlSessionFactory" class="org.mybatis.spring.SqlSessionFactoryBean">
    <!-- 数据库连接池 -->
    <property name="dataSource" ref="dataSource" />
    <!-- 加载 MyBatis 的全局配置文件 -->
    <property name="configLocation" value="classpath:mybatis/SqlMapConfig.xml" />
</bean>


</beans>
```

注意：在定义 sqlSessionFactory 时指定数据源 dataSource 和 MyBatis 的配置文件。

13.2.4　Mapper 编写

1. DAO 接口实现类继承 SqlSessionDaoSupport

使用此种方法即原始 DAO 开发方法，需要编写 DAO 接口、DAO 接口实现类、映射文件。

(1) 在 sqlMapConfig.xml 中配置映射文件的位置。

```
<mappers>
    <mapper resource="mapper.xml 文件的地址" />
    <mapper resource="mapper.xml 文件的地址" />
</mappers>
```

(2) 定义 DAO 接口。

(3) DAO 接口实现类集成 SqlSessionDaoSupport。

DAO 接口实现类方法中可以 this.getSqlSession()进行数据增删改查。

(4) Spring 配置。

```
<bean id=" "class="mapper 接口的实现">
    <property name="sqlSessionFactory" ref="sqlSessionFactory"></property>
</bean>
```

2. 使用 org.mybatis.spring.mapper.MapperFactoryBean

此方法即 Mapper 接口开发方法，只需定义 Mapper 接口，不用编写 Mapper 接口实现类。每个 Mapper 接口都需要在 Spring 配置文件中定义。

(1) 在 sqlMapConfig.xml 中配置 mapper.xml 的位置。

如果 mapper.xml 和 Mappre 接口的名称相同且在同一个目录中，则可不用配置。

```
<mappers>
    <mapper resource="mapper.xml 文件的地址" />
    <mapper resource="mapper.xml 文件的地址" />
</mappers>
```

(2) 定义 Mapper 接口。

(3) Spring 中定义。

```
<bean id="" class="org.mybatis.spring.mapper.MapperFactoryBean">
    <property name="mapperInterface" value="mapper 接口地址"/>
    <property name="sqlSessionFactory" ref="sqlSessionFactory"/>
</bean>
```

3. 使用 Mapper 扫描器

使用 Mapper 扫描器即 Mapper 接口开发方法，该方法只需要在 Spring 配置文件中定义一个 Mapper 扫描器，即可自动扫描包中的 Mapper 接口生成代理对象。

(1) mapper.xml 文件编写。

(2) 定义 Mapper 接口。

注意 mapper.xml 的文件名和 Mapper 的接口名称保持一致，且放在同一个目录中。

(3) 配置 Mapper 扫描器。

```
<bean class="org.mybatis.spring.mapper.MapperScannerConfigurer">
    <property name="basePackage" value="mapper 接口包地址"></property>
    <property name="sqlSessionFactoryBeanName" value="sqlSessionFactory"/>
</bean>
```

basePackage：扫描包路径，中间可以用逗号或分号分隔定义多个包。

(4) 使用扫描器后从 Spring 容器中获取 Mapper 的实现对象。